L'entreprise Beauport à la Guadeloupe

Un exemple d'aménagement territorial
et de transformation sociale

Murielle Gauthiérot

L'ENTREPRISE BEAUPORT À LA GUADELOUPE

Un exemple d'aménagement territorial et de transformation sociale

L'Harmattan

5-7, rue de l'Ecole-Polytechnique, 75005 Paris

http://www.harmattan.fr
diffusion.harmattan@wanadoo.fr
harmattan1@wanadoo.fr

ISBN : 978-2-343-04493-4
EAN : 9782343044934

PREFACE

Beauport, lieu de mémoire du nord grande-terre en Guadeloupe, a marqué le développement économique de toute une région, pour ne pas dire de toute une île. Après une douloureuse période de fermeture, la friche industrielle a réouvert ses portes en 2004 sous l'appellation « Beauport le pays de la canne».

La volonté du conseil général était au départ d'apporter une réponse au désarroi de la population, consécutif à la fermeture du poumon économique du nord grande terre. Notre rôle, en tant que délégataires de service public, est de rappeler aux autochtones une glorieuse période d'essor industriel, et de faire découvrir aux visiteurs extérieurs la richesse de la culture de la canne et la qualité des hommes et des femmes qui ont écrit cette histoire à la sueur de leur front.

Le public reçu au Pays de la canne est friand de l'histoire de l'usine de Beauport, et des hommes et des femmes qui ont participé à cette épopée, et que l'on peut encore rencontrer régulièrement sur le site. Un petit nombre d'ouvrages existent, qui retracent cette histoire sous différents angles. Le travail de Murielle Gauthiérot, sous l'angle de l'aménagement du territoire et des transformations sociales autour de l'entreprise Beauport, apporte un angle nouveau qui enrichit encore notre connaissance de l'usine.

Il ne fait aucun doute que cet ouvrage sera une source d'inspiration pour l'équipe de médiation. En effet, il ne se contente pas de reprendre les éléments historiques déjà connus, mais présente des documents qui ne sont pas forcément publics, et des témoignages, qui reflètent le travail de terrain qu'a effectué Murielle Gauthiérot.

L'auteur ouvre la réflexion, avec beaucoup de retenue, sur le sujet qui pourrait être polémique des relations sociales, et du lien entre ces relations façonnées par l'usine, et l'aménagement du territoire.

Cet ouvrage nous donne une nouvelle lecture des paysages du nord grande-terre.

Il nous donne aussi l'occasion de retrouver avec un plaisir sans cesse renouvelé la parole des anciens de l'usine.

Pour toutes ces raisons, c'est un ouvrage qui ne peut manquer d'intéresser tous ceux qui s'intéressent à la Guadeloupe et s'interrogent sur le chemin qui nous a conduits aux rapports sociaux actuels et à l'aménagement de notre territoire.

Marie-Laure TROPLENT,
Directrice de Beauport, pays de la canne, Port-Louis

Remerciements

Mes premières pensées sont pour Madame Julie Lirus-Galap décédée en mars 2011 et Monsieur Olivier Dollfus, décédé en février 2005, qui m'ont accompagnée au démarrage de cette thèse. Je leur rends hommage car, malgré la maladie, ils ont su rester disponibles pour leurs étudiants et m'ont transmis beaucoup au cours de leurs séminaires de recherche à l'université Paris Diderot-Paris 7. J'adresse à Madame Françoise Vergneault-Belmont ma reconnaissance pour les séances en atelier à l'Ecole des Hautes Etudes en Sciences Sociales qui m'ont permis de faire des cartes de véritables outils d'investigation. Enfin je remercie chaleureusement Monsieur Laurent Faret, Professeur de Géographie et Directeur du Laboratoire *« Sociétés en Développement : Etudes Transdisciplinaires » (SEDET)* et de l'Ecole Doctorale, qui a accepté de reprendre la direction de la thèse. C'est grâce à son encadrement scientifique, à son professionnalisme et à ses qualités humaines que j'ai pu atteindre l'étape du rendu final.

Cette thèse n'aurait pas pu aboutir sans le financement du Rectorat de Paris, sans le soutien des membres du SEDET : Madame Catherine Coquery-Vidrovitch, Madame Chantal Chanson-Jabeur, Monsieur Philippe Cadène, Monsieur Issiaka Mandé, Madame Isabelle Nicaise, Madame Sylviane Cheminot. Je dois leur dire combien ma participation aux activités de ce laboratoire m'a permis d'acquérir des savoirs aussi bien institutionnels que scientifiques. Je pense aussi à mes amis Daouda Gary-Tounkara et Bélinda Mua Bay Tshibwabwa, docteurs en Histoire toujours présents à mes côtés.

Je tiens à remercier les *anciens* de *Beauport*, les historiens Raymond Gama et Christian Schnakenbourg, les membres des collectivités locales, le personnel des centres de documentation et d'archives à Paris, à Bordeaux et à la Guadeloupe pour leur disponibilité et leurs précieuses informations.

Enfin, j'ai une pensée particulière pour mon frère (Fabrice Gauthiérot) qui a réalisé de magnifiques photos de *Beauport* et pour mes parents (Marie-Claude et Bernard Gauthiérot) qui m'ont encouragée et soutenue dans les moments difficiles.

NOTIONS

Françoise VERGNEAULT-BELMONT
Cartographie expérimentale : *« utilisation de la cartographie comme mode d'expression visuelle mais aussi comme méthode d'analyse et de procédure de recherche ».*

Julie LIRUS-GALAP
Explication dynamique : *« par rapport aux constats statiques des auteurs ayant écrit sur la réalité antillaise ».*
La rencontre des ailleurs : expression utilisée dans les séminaires de recherche sur la Caraïbe.
Entrecroisement des Mondes : *« de la Caraïbe à la France : migrations, déplacements de populations et métissages culturels ».Titre de la thèse d'habilitation à diriger des recherches (HDR, 1998).*

Olivier DOLLFUS
Mondialisation des échanges : *« Echange généralisé entre les différentes parties de la planète ».*

Jean-Pierre GIORDANI
Patrimoine bâti guadeloupéen : *« Dans leurs sites respectifs, les édifices et tissus historiques divers, élaborés par les habitants, ainsi que les permanences des tracés anciens, viaires, et parcellaires, ayant ordonné le territoire. En tant que formes physiques, ils ont des qualités expressives et des contenus organisationnels, accueillant ou non des usages sociaux, comportant les uns et les autres des significations multiples, encore vivantes ou éventuellement latentes, aux yeux des populations ».*

Edouard GLISSANT
La Mondialité : *« Une politique du monde qui s'oppose aux aspects négatifs de la mondialisation ».*

La pensée de la trace : *« La trace ne figure pas une sente inachevée où on trébuche sans recours, ni une allée fermée sur elle-même, qui borde un territoire. La trace va dans la terre, qui plus jamais ne sera territoire. La trace, c'est manière opaque d'apprendre la branche et le vent : être soi, dérivé à l'autre. C'est le sable en vrai désordre de l'utopie. La pensée de la trace permet d'aller au loin des étranglements de système... Elle ouvre sur ces temps diffractés que les humanités d'aujourd'hui multiplient entre elle, par conflits et merveilles. Elle est l'errance violente de la pensée qu'on partage ».*

DEFINITIONS

Système de la plantation industrielle : Ensemble des lieux du territoire de l'entreprise *Beauport* représenté sur la carte créée et parcouru en voiture et à pieds lors des missions de terrain.

Nouvelle politique d'aménagement territorial : Réhabilitation de *Beauport* en *Pays de la Canne.*

Structuration socioprofessionnelle : Organisation du travail à partir du statut et de la fonction dans l'entreprise *Beauport.*

Migrants volontaires d'Europe : Acteurs en mouvement qui ont pour lieu de départ l'Europe et pour lieu d'installation la Guadeloupe.

Migrants déportés d'Afrique : Acteurs en mouvement qui ont pour lieu de départ l'Afrique et pour lieu d'installation la Guadeloupe.

Moun ici : Expression créole désignant les acteurs en mouvement nés sur place à la Guadeloupe.
Expression utilisée dans la thèse pour désigner, sans préjugé de couleur, ceux qui sont nés sur place dans les rencontres kolé-séré entre caraïbes, européens, africains, indiens.

Migrants engagés d'Inde sous contrat : Acteurs en mouvement qui ont pour lieu de départ l'Inde et pour lieu d'installation la Guadeloupe.

An dous : Expression créole qui signifie en douceur, incognito, sans bruit.

Kolé-séré : Terme créole qui signifie enlacé, côte à côte, collé, à l'étroit.

Bek à Bek : Terme créole choisi pour souligner l'effort de comparaison. Il ne s'agit pas de traiter un deuxième sujet mais de passer d'une entreprise à l'autre (Beauport/Menier).

Balan : Terme créole qui signifie élan, rythme, mouvement, allant.

Le « balan » de la mondialisation : Ce qui s'est produit en accéléré et de façon irréversible.

Graj : Terme créole qui désigne un rythme lent du Gwo-Ka (musique traditionnelle de la Guadeloupe).

Le « graj » de la mondialité : Ce qui s'est produit de façon lente et flamboyante.

Le Tout-Beauport : La dynamique de l'entreprise de 1732 à 2007 c'est-à-dire de la découverte de la parcelle 597 dans le *« Plan de Lisle Grande-Terre »* au 1er Grand Prix du Pays de la Canne.

Parcours graphique : Va-et-vient entre l'espace réel d'aujourd'hui et l'espace réel d'autrefois c'est-à-dire du terrain à ses diverses représentations.

INTRODUCTION GENERALE

Au démarrage de toute thèse, il y a une question : pourquoi s'intéresser à l'entreprise *Beauport* ? Parce que cette entreprise est un modèle d'aménagement territorial et de transformation sociale qui crée ce que j'ai choisi de nommer dans la thèse le système de la plantation industrielle. Parce qu'elle est aussi une exception avec son domaine propre qui correspond à la réserve foncière conçue pour approvisionner, exclusivement, l'usine *Beauport* en cannes. Enfin parce qu'elle est un microcosme des cinq types de sociétés nées à la Guadeloupe et un exemple de longévité. La centrale *Beauport a fumé*[1] de 1863 à 1990 et devient même, à partir de 1929, la seule usine encore en activité dans le Nord Grande-Terre. L'entreprise *Beauport* n'intéressait personne depuis la fermeture de l'usine. J'ai eu la chance, au démarrage de la thèse, de la découvrir à l'abandon avec ses archives livrées aux termites et aux voleurs, sa toiture arrachée et sa cheminée couchée. Depuis, le site a fait l'objet d'un programme européen de réhabilitation en Pays de la Canne c'est-à-dire en Centre de Culture Scientifique Technique et Industriel que l'on peut visiter. La promotion du Pays de la Canne se fait dans les avions pour séduire les touristes, dans les établissements d'enseignement pour toucher les scolaires et universitaires, dans les collectivités pour alimenter les débats politiques, mais aussi dans les médias et sur internet[2] à destination du grand public. Cette nouvelle dynamique de terrain ne doit pas faire oublier que *Beauport* existe d'abord à travers son histoire et sa situation.

HISTOIRE DE BEAUPORT DE 1732 à 2007

La parcelle 597 du plan de l'Isle Grande-Terre[3] donne naissance en 1813 à l'habitation-sucrerie dite *Beauport* qui devient, en 1863, l'usine *Beauport*. Cette usine est une centrale dite de seconde génération. Elle est aussi, au moment de sa mise à feu, la plus grosse usine jamais créée à la Guadeloupe avec une capacité de broyage qui atteint plus tard les 3000[4] tonnes de cannes par jour. En 1908, l'entreprise se transforme en Société Anonyme des Usines de Beauport (SAUB) et installe son siège social à Bordeaux. En 1963, la Société Anonyme des Usines de Beauport crée deux filiales : la

[1] Cette expression est choisie pour désigner la période de fonctionnement de l'usine *Beauport*. En effet les anciens m'ont souvent dit en parlant d'elle : *« On aimait la voir fumer, on aimait recevoir sa poussière »*.
[2] Adresse du site internet : www.beauport.lepaysdelacanne.com
[3] Dit cadastre de 1732.
[4] Chiffre donné par Raymond Moustache, président de la SICADEG.

Société d'Elevage de la Grande-Terre (SEGT) et la Société de Panneaux Agglomérés Guadeloupéenne (SOPAG). Ce qui permet à l'entreprise de diversifier ses activités et de s'offrir le luxe d'un recrutement du personnel de direction en Hollande. En 1970, la Société Anonyme des Usines de Beauport (SAUB) est mise sous administration judiciaire. Un an plus tard, elle est reprise par les Grands Moulins de Paris et devient la Société Multinationale pour le Développement des Industries Alimentaires et Agricoles (SOMDIAA). En 1982, le Conseil Général de la Guadeloupe et ses partenaires exploitent Beauport SA. Trois ans plus tard, les ouvriers de *Beauport* créent la Société Coopérative Ouvrière de Production (SCOP) et prennent à leur compte la gestion de l'usine tandis que les terres de l'ancien domaine propre deviennent la propriété du Conseil Régional et du Syndicat à vocations multiples (SIVOM). C'est après le passage du cyclone Hugo[5], que le tribunal de commerce de Pointe à Pitre prononce la liquidation de la Société Coopérative Ouvrière de Production (SCOP) le 13 juillet 1990. C'est la fin de l'activité de l'entreprise. Le bâtiment est sans toit. Il ne reste qu'un *« squelette »*[6], celui de *« Beauport, la Cathédrale morte »*[7]. En 1998, un groupe de travail se met en place avec le programme européen Liaison Entre Actions de Développement de l'Economie Rurale (LEADER II). Le 21 janvier 2000, une convention est signée entre le Conseil Général et la Société Nationale de Chemin de Fer (SNCF). Le 5 juillet 2002, c'est l'inauguration du premier tronçon du petit train du Pays de la Canne *« Beauport/Trou à Sirop »*. Le Pays de la Canne ouvre ses portes le 20 février 2004. Les tours-opérateurs proposent désormais la visite du complexe touristique dans les séjours d'une semaine qu'ils commercialisent. En 2005, le Conseil Général décide de réhabiliter la fête de la Saint-Eloi[8] à *Beauport*, *Darboussier*[9], et *Château Murat*[10]. La population locale adhère à cette initiative et partout c'est un franc succès. La commémoration des 150 ans de l'arrivée des premiers migrants engagés d'Inde sous contrat a donné lieu à la célébration

[5] Il dévaste la Guadeloupe en 1989 et fait plusieurs victimes.

[6] Mot employé par Jalème Villard lors d'un entretien où il évoque la menace mise à exécution par les dirigeants de l'époque : *« si ça continue, nous allons partir avec les papiers et vous laisser le squelette »*.

[7] Expression utilisée par le président de la SICADEG et reprise comme titre par J-C dans son article du 15 février 1995 dans le journal l'Humanité.

[8] Patron des travailleurs.

[9] Ancien site industriel à Pointe à Pitre.

[10] Ancien site industriel à Marie-Galante.

d'une messe[11] dans la chambre à bagasse de *Beauport*. En 2007, la quête de diversité dans le calendrier évènementiel ouvre *Beauport* au monde sportif avec la première édition du Grand Prix du Pays de la Canne[12] appelé aussi Tour du Pays de la Canne. *Beauport* n'est plus une « cathédrale morte » mais un « observatoire » pour étudier l'interaction entre aménagement territorial et transformation sociale. Avant de parcourir les lieux du territoire de l'entreprise *Beauport*, il faut s'intéresser à sa situation.

SITUATION DE BEAUPORT

La position de *Beauport* du point de vue des éléments physiques, économiques et des moyens de communication est intéressante. Elle conjugue en effet un ensemble de critères : centralité, accessibilité, rupture de charge. *Beauport* se situe à l'est de la ville de Port-Louis, entre la ravine de la Vidange et la ravine Gaschet. L'usine est accessible depuis la Route Nationale n°6 et par la voie de chemin de fer. *Beauport* se trouve aussi à proximité du port d'embarquement de la Pointe Beautiran et du Port de l'Anse Guérite de Port-Louis. Cette situation singulière explique le choix économique et politique de mise en place du système de la plantation industrielle dans le Nord Grande-Terre. L'interaction entre aménagement territorial et transformation sociale se produit parce que le système repose sur les lieux qui composent le territoire de l'entreprise et sur le jeu des acteurs sociaux qui l'investissent écrivant alors une histoire commune dans la violence, le chaos et l'exil. L'exil, *« ce bruit qui dénonce l'existence d'un désir de faire cesser la distance par rapport au pays physique ou symbolique (ce d'où je viens, mais aussi ce qui m'appartient, ce que je contrôle) »* me gêne au moment du choix du sujet. Le dépassement des doutes permet l'engagement avec comme point de départ la soutenance du Diplôme d'Etudes Approfondies (DEA) sur la hiérarchie sociale dans le patrimoine urbain de la Guadeloupe.

GENESE DU SUJET DE THESE

A l'issue de ces deux premières années de recherche, la vérification de l'hypothèse de départ apporte la preuve de l'adoption possible d'un nouveau mode de lecture de la société civile, républicaine,

---

[11] Le 17 octobre 2004, diffusée à la télévision sur la chaîne RFO.

[12] Course cycliste sur 3 jours en 3 étapes qui se déroule exclusivement sur les communes de Port-Louis, Petit-Canal et Anse Bertrand. La 3e édition du 29 au 31 mai 2009 a été remportée par Adam PIERZA (Club Gillette Fusion / UVN).

décentralisée et ségrégationniste à la Guadeloupe. C'est habitée par le rêve de Jean-Luc BONNIOL : *« puisse se conjurer le maléfice des apparences physiques et s'ouvrir un monde résolument non racial »* que j'entame alors ce travail de recherche de plus grande ampleur. Cette thèse s'inscrit dans la continuité du diplôme d'études approfondies qui a permis une remise en cause des théories coloristes développées dans les travaux d'anthropologie physique. Gilberto FREYRE[13], maître incontestable de la dénonciation de l'idéologie coloriste, dans ce qu'il appelle *« Colonie de Plantation »* voit une technique économique et une politique sociale entièrement neuves. Roger Bastide qui a lui aussi participé à la remise en cause de cette idéologie démontre dans ses travaux à quel point le préjugé de couleur c'est-à-dire le schéma de pensée racial traditionnel fondé sur la distinction de la couleur de la peau n'a jamais empêché aux femmes d'être des éléments perturbateurs de l'organisation sociale. Enfin dans sa brillante étude Jean-Luc BONNIOL[14] est venu affirmer que *« la couleur a servi de matériau pour une différenciation sociale interne et que le préjugé de couleur se caractérise par une coïncidence entre une hiérarchie sociale et une diversité phénotypique ; couleurs et traits physiques servent d'emblèmes pour la reconnaissance des groupes »*. Il a aussitôt reconnu les carences de son étude qui ne peut rendre compte de tout le social. Cet angle de recherche défini dans la thèse permet de sortir du contexte d'aliénation au sens d'Aimé CESAIRE qui rappelle que sa spécificité est *« la transformation de la personne en chose, en objet »* alors qu'un groupe humain vivant à un moment sur un territoire déterminé est dynamique. Il n'est pas souhaitable de penser les cinq types de sociétés nés à la Guadeloupe figés dans des critères physiques de différenciation et ceci pour deux raisons principales. Tout d'abord parce que *« l'esclavage malgré toute sa dureté laissait ouvert un certain nombre de canaux de mobilité verticale soit à l'intérieur même de la structure esclavagiste... soit à l'intérieur de la société globale »* mais aussi parce que dans les deux laboratoires insulaires choisis par Jean-Luc BONNIOL[15] l'hétérogénéité des types physiques explique que la couleur ne serve pas à l'établissement de la hiérarchie sociale. La hiérarchie des

[13] *Maîtres et Esclaves. La formation de la société brésilienne*, Paris, Editions Gallimard, 1974 (2e édition).

[14] *La couleur comme maléfice. Une illustration créole de la généalogie des Blancs et des Noirs*, Paris, Albin Michel, 1992.

[15] *Terre-de-Haut des Saintes. Contraintes insulaires et particularisme ethnique de la Caraïbe*, Paris, Editions Caribéennes, 1980.

nuances apparaît comme une hiérarchie biaisée qui ne peut à elle seule rendre compte de toute une réalité sociale complexe celle de la Guadeloupe. La première étude d'ensemble sur le patrimoine bâti guadeloupéen a été réalisée par Jean-Pierre GIORDANI[16] en 1996. Il s'agit d'une véritable réflexion d'ensemble sur les formes diversifiées du patrimoine bâti de la Guadeloupe et des enjeux que comporte sa préservation et sa valorisation. Cette lecture a été déterminante dans la découverte de l'approche systémique des formes bâties, la prise de conscience du lien entre le territoire aménagé, la société et l'organisation du travail et enfin la compréhension du *« schéma généalogique des édifices agro-industriels domestiques et des jardins ruraux »*.

PROBLEMATIQUE ET METHODOLOGIE

Cette thèse s'est fixée un certain nombre d'objectifs en cherchant dans les représentations cartographiques de l'île Grande-Terre le premier lieu d'implantation de l'entreprise puis en analysant le lien entre le territoire aménagé et l'organisation du travail. Est-ce qu'il existe une nouvelle structuration socioprofessionnelle ? Si oui, est-elle à l'origine du changement de type d'aménagement ? Ce changement de type d'aménagement est-il à son tour un indicateur de la transformation sociale en cours ?

D'abord caraïbe[17] à cause du nom de ses premiers occupants « Les Caraïbes »[18], la société devient coloniale, esclavagiste et ségrégationniste au moment de la colonisation française, de la pratique massive de l'esclavage et de l'entrée en vigueur du Code Noir. En 1848 après l'abolition définitive de l'esclavage elle se transforme en société coloniale, post esclavagiste et ségrégationniste. A partir de 1946 elle devient civile, républicaine, centralisée et ségrégationniste. Enfin depuis 1982 elle est civile, républicaine, décentralisée et ségrégationniste. Cette transformation sociale place *Beauport* dans le *« balan »* de la mondialisation à la Guadeloupe. L'Habitation-Sucrerie dite *Beauport* entre autres, l'usine centrale de *Beauport* et la première ligne de chemin de fer forment une organisation sociospatiale appelée

[16] *La Guadeloupe face à son patrimoine, itinéraires et modalités d'une reconnaissance et d'une revalorisation*, Paris, Karthala, 1996.
[17] Le singulier s'applique à ce premier type de société à la Guadeloupe.
[18] Le pluriel est réservé dans la thèse à ce peuple guerrier qui chasse les Arawaks. Ce choix est conforté par l'appellation *Mer des Caraïbes* dans laquelle baigne en partie la Guadeloupe.

dans la thèse système de la plantation industrielle. La mise en place du système mobilise les migrants volontaires d'Europe, les migrants déportés d'Afrique, les moun ici et les migrants engagés d'Inde sous contrat. Tous participent au changement de type de société. Le retour aux sources de la mémoire du territoire de l'entreprise est possible grâce aux cartes anciennes, aux inventaires d'habitations, aux archives d'entreprise, aux travaux des chercheurs et aux entretiens réalisés avec les anciens qui racontent *Beauport*. Malgré l'angoisse de cette recherche sur mon aire culturelle d'origine, les pièges du contexte aliéné, les risques quant à la portée du sujet, je suis passée de l'angoisse à la méthode. La géographie est ici *« science sociale pour qui l'espace est l'une des entrées pour la compréhension des sociétés dans leur dynamique, discipline qui étudie les formes d'organisations spatiale, leurs répartitions, leurs rapports, leurs localisations »*[19]. Il s'agit d'adopter une pensée complexe pour pouvoir traiter le sujet et les interrogations qu'il soulève. Une démarche de type fonctionnaliste qui s'intéresse au pourquoi ? Pourquoi sortir de l'idéologie coloriste ? Qu'est-ce qui fonde et modifie la politique d'aménagement territorial de l'entreprise *Beauport* ? Quelles sont les conséquences de la transformation de la canne en sucre sur l'organisation du travail dans l'entreprise et sur la vie du personnel ? Peut-on analyser *Beauport* comme une construction avant-gardiste de la mondialisation du capitalisme marchand à partir de la production de sucre de canne ? Pour répondre à ces questions, un état des lieux est nécessaire car les interactions entre ceux qui détiennent le capital et ceux qui n'en ont pas aboutissent à :

1. L'exploitation des îles de l'archipel guadeloupéen pour les besoins économiques de pays du continent européen ;
2. La naissance d'une société civile, républicaine, décentralisée et ségrégationniste ouverte exclusivement aux pays européens au détriment de la majorité de la population locale d'origine non européenne.
3. La privatisation étatique de *Beauport* avec la mondialisation du capitalisme marchand à partir de la production de sucre de canne.
4. La réhabilitation de *Beauport,* d'après l'observatoire rural européen, en *Pays de la Canne.*

---

[19] Idem.

L'œil est choisi comme outil d'une cartographie expérimentale qui correspond à *« l'utilisation de la cartographie comme mode d'expression visuelle mais aussi comme méthode d'analyse et de procédure de recherche »*[20]. L'avantage de la méthode graphique est qu'elle offre une vision synoptique. Elle permet à la fois de voir l'ensemble et d'interroger chaque donnée : qui a dit quoi, quand, pourquoi, comment et avec quelles intentions ? Cette méthode apporte des résultats telle une collecte permanente de cartes sur le territoire de recherche ; la création d'outils et l'élaboration de cartes en rapport avec la problématique de la thèse. Le travail en atelier s'est fait au laboratoire de graphique de l'Ecole des Hautes Etudes en Sciences Sociales[21]. C'est au cours du travail en atelier que s'effectue la lecture attentive des cartes à la loupe. Cette lecture suscite des commentaires immédiats inscrits au crayon noir sur les documents originaux. L'hypothèse centrale et les hypothèses secondaires sont alors confrontées à l'apport des lieux et des données représentés sur les cartes.

Tableau n°1 : Le parcours graphique dans la construction de la thèse

L'ESPACE REEL	SES REPRESENTATIONS EXAMINEES	L' EXPERIMENTATION	LES RESULTATS
aujourd'hui	documents topographiques	jeux de cartes	synthèse
autrefois	documents cartographiques	jeux de cartes	synthèse

Source : tableau créé en atelier par Murielle GAUTHIEROT

Le parcours graphique personnalisé se définit au fur et à mesure durant la collecte de cartes et les missions de terrain. La structuration socioprofessionnelle permet d'attribuer un statut et une fonction à chacun des membres de l'entreprise *Beauport*. Cette structuration socioprofessionnelle qui ne se fonde pas sur des critères ségrégatifs,

[20] F. VERGNEAULT-BELMONT, *L'œil qui pense*, Méthodes Graphiques pour la recherche en sciences de l'homme, L'Harmattan, 1998. Discipline enseignée en séminaire de DEA sur *« les méthodes et techniques graphiques »* par l'auteur, exerçant à l'EHESS.
[21] L'EHESS.

permet d'analyser la transformation sociale en tenant compte des concepts d'acteurs et de système qui donnent du sens à ce que l'on observe. Plusieurs outils ont été utilisés :

☞ Un guide d'entretien et un magnétophone pour recueillir la parole des anciens de Beauport.[22]
☞ Un caneva pour faciliter l'enquête de terrain et anticiper les avancées.
☞ Un tableau de chasse cartographique pour enregistrer et classer les trente-neuf cartes[23] consultées, reproduites ou achetées à Paris, à Bordeaux et à la Guadeloupe.
☞ Une chronologie pour comprendre l'ancrage territorial des lieux patrimoniaux.

Les cartes, l'inventaire de « l'habitation-sucrerie » dite *Beauport,* les archives de la *Société Anonyme des Usines de Beauport*[24], la correspondance active entre le siège social et l'usine, et l'organigramme sont collectés sur le terrain à Paris, Bordeaux et Gourbeyre. Les critères retenus pour un dépouillement plus rapide des archives sont : la date d'enregistrement, le contenu, la connaissance limitée apportée par le terrain, et les membres de l'entreprise concernés par ces documents. Le sauvetage des archives de l'entreprise *Beauport* se concrétise grâce au signal d'alerte donné par Raymond Gama qui constate, en cours de thèse, que les dirigeants ont mis leur menace à exécution. Ils se sont envolés avec l'argent, ont laissé le squelette mais ne sont pas partis avec les papiers. *« Suite à un rapport datant de 1995 établi par le directeur des Archives départementales de la Guadeloupe, Ghislaine Bouchet, faisant état de la situation de dégradation avancée des archives de l'usine, un premier travail de classement des archives fut mené par Frédéric Pavy en 1996 ; celui-ci aboutissait à un inventaire des archives de la société coopérative ouvrière de production de Beauport (SCOP Beauport, 1985-1990... »*[25]. Le terrain c'est le parcours des lieux du territoire de l'entreprise *Beauport* et la rencontre de ses acteurs

[22] Les personnes rencontrées sur le terrain qui ont un passé commun avec *Beauport.* La maîtrise de la langue créole a été d'un grand secours pour la réalisation des entretiens.
[23] Voir source des cartes, pp. 290-292.
[24] SAUB.
[25] L. OREFICI, *Archives de la Société Anonyme des Usines de Beauport* (1908-1981) Répertoire numérique détaillé de la sous-série 15 J, Archives départementales de la Guadeloupe, 2000.

sociaux. Réinvestie par les collectivités locales et leurs partenaires européens, l'entreprise n'est plus le lieu de production de sucre de canne non raffiné mais le Centre de Culture Scientifique Technique et Industriel. L'entreprise *Beauport* échappe désormais au secteur qui l'a créée grâce au jeu des décideurs politiques là où se produit ce que Julie LIRUS-GALAP nomme la rencontre des Ailleurs puis l'entrecroisement des mondes.

PLAN GENERAL DE LA THESE

La première partie de la thèse porte sur l'exercice des pouvoirs et le territoire. Il s'agit d'interroger le territoire de l'entreprise *Beauport* à partir de la parcelle 597 jusqu'à sa réhabilitation en Pays de la Canne. L'organisation de la production de sucre a donné naissance à un modèle d'organisation sociospatiale appelé : « habitation-sucrerie » dans toutes les sociétés coloniales, esclavagistes et ségrégationnistes de la zone Amérique Latine et Caraïbe. A la Guadeloupe, l'aménagement des habitations sucreries en usine constitue un fait historique car il se produit en 1844 soit quatre-ans avant l'abolition définitive de l'esclavage dans les colonies françaises. Le caractère exemplaire, original et complexe de l'entreprise *Beauport* réside dans la date de mise à feu de son usine en 1863. Soit deux ans après la suppression de l'Exclusif, et près de vingt-ans après le début de l'industrialisation. D'où l'intérêt d'entrer au cœur du projet de ses dirigeants. Dans l'entreprise *Beauport*, le système de la plantation industrielle sera étudié à partir de l'organisation sociospatiale fondée sur l'appropriation coloniale des terres et sur la fusion du capital et de la main d'œuvre.

La deuxième partie de la thèse porte sur les acteurs en mouvement c'est-à-dire sur la transformation sociale à partir de l'organisation du travail dans l'entreprise *Beauport*. Cette organisation du travail creuse les inégalités sociales. Et ce d'autant plus que l'égalité juridique acquise en 1848 n'empêche pas la naissance de nouveaux conflits notamment entre patron et ouvrier. Comment apporter la preuve du remplacement du préjugé de couleur par le statut socioprofessionnel ? C'est sur la destruction de la société caraïbe que se construit la société coloniale, esclavagiste et ségrégationniste. Ce nouveau type de société fondé sur la population stigmatisée par son origine africaine et par les différents degrés de couleur des corps va mobiliser à long terme tous ses membres. Les migrants volontaires d'Europe, les migrants déportés d'Afrique, les moun ici, les migrants engagés d'Inde sous contrat seront tous décideurs ou acteurs de la révolution sociale de 1848. Dans la société coloniale, post-esclavagiste et ségrégationniste et dans l'entreprise *Beauport* c'est la structuration socioprofessionnelle qui met en interaction les patrons, les cadres, les employés, les ouvriers de l'usine, les ouvriers des champs, les contractuels. L'expression de la protestation se fait avec la naissance d'une conscience de classe en particulier chez les ouvriers. Merci à *« Papa Eboué »*[26] qui conseille de *« jouer le jeu »*[27]. A partir de 1946, moment d'assimilation en tant que département de la République Française, la société devient civile, républicaine, centralisée et ségrégationniste. Depuis 1982, elle est civile, républicaine, décentralisée et ségrégationniste. Au cœur de cette deuxième partie il y a la recherche de la compréhension du jeu des acteurs de l'entreprise *Beauport* et l'analyse du passage de la stratification sociale stigmatisée à la structuration socioprofessionnelle.

Enfin la troisième partie de la thèse porte sur *Menier*, *Beauport* dans le « balan » de la mondialisation à la Guadeloupe. Une brève comparaison sera faite entre ces deux entreprises qui utilisent le système de la plantation industrielle. *Menier* le fait à partir d'une organisation sociospatiale fondée sur l'apport et le maintien de capitaux, l'achat de terres en Seine et Marne, la fondation d'*hacienda* en Amérique Latine, la constitution d'une flotte, le recrutement d'une main d'œuvre ouvrière. Ce bek à bek entre les deux entreprises apporte la preuve que la mise en place du système de la plantation industrielle ne dépend pas du sucre ou du chocolat mais bien de la politique d'aménagement territorial et des conditions d'expérimentation de ce qu'Olivier DOLLFUS appelle la mondialisation des échanges et Edouard GLISSANT la mondialité. *Menier* avec ses plantations de cacaoyers au Nicaragua, ses sucreries de betterave à Roye dans le département de la Somme, sa chocolaterie à Noisiel dans le département de la Seine et Marne réserve un sort différent à son personnel. Les différences majeures avec *Beauport* se voient dans les choix que font les dirigeants de l'entreprise *Menier* : pas d'esclaves pour la mise en place du système de la plantation

[26] Expression utilisée localement par les anciens pour témoigner à Félix Eboué leur reconnaissance. Ce dernier élu par le Front Populaire a été Gouverneur de la Guadeloupe d'octobre 1936 à juillet 1938. Il a arbitré des conflits à Beauport.

[27] Célèbre conseil prononcé lors d'un discours.

industrielle, pas de fusion capital/main-d'œuvre, pas de retrait brutal des capitaux. Les points communs sont l'exemplarité, la longévité et la réhabilitation des sites. Au cœur de cette troisième partie il y a le bek à bek pour confronter *Beauport* à une autre réalité celle de l'entreprise *Menier* et introduire un nouveau concept les territoires de la mobilité révélé par Laurent FARET. A ce stade de l'analyse, raconter le « Tout-Beauport » est un objectif atteint. Mais est-ce que *Beauport* peut sortir du « balan » de la mondialisation ? Sur quel indicateur repose le passage du « balan » de la mondialisation au « graj » de la mondialité ?

L'interaction entre aménagement territorial et transformation sociale existe en Guadeloupe, en métropole, en Amérique Latine et dans la Caraïbe. Elle repose sur une problématique commune celle de l'exercice des pouvoirs sur le territoire, des acteurs en mouvement, des mécanismes du « balan » de la mondialisation et du passage du local au global. Ce qui ouvre de nouvelles pistes de recherche sur la notion de transfert de modèles, sur la question de la préservation du lien social dans ce « balan » et sur la politique d'aménagement territorial. L'habitation et l'économie de plantation ont servi de cadre d'analyse pour la géographie tropicale, pour l'histoire sociale et économique, pour la connaissance des techniques de l'industrie sucrière, pour les travaux d'anthropologie culturelle et physique, pour l'archéologie industrielle[28]. Raconter le *«Tout-Beauport »* est un défi que j'ai souhaité relever. L'explication dynamique du système de la plantation industrielle à travers l'exemple de l'entreprise *Beauport* à la Guadeloupe peut commencer parce qu'il y a eu l'envie de traiter le sujet, l'acceptation de la direction de la thèse mais aussi maturation de la pensée.

---

[28] Très avancée surtout pour l'île de la Martinique et pour l'île de Saint-Martin grâce au travail d'inventaire réalisé par l'équipe de Danièlle Bégot et de Mr et Mme Parisis.

Première partie

POUVOIRS ET TERRITOIRE

DE LA PARCELLE 597 AU PAYS DE LA CANNE

CHAPITRE 1
L'organisation de la production de sucre de canne dans l'île Grande-Terre

Pour traiter de la politique d'aménagement territorial et de la transformation sociale, à travers l'exemple de l'entreprise *Beauport* à la Guadeloupe, l'idée de départ consiste à localiser cette entreprise, à retrouver les lieux qui s'aménagent pour l'organisation de ses activités et à se familiariser avec ses membres. Ce travail d'investigation doit apporter la preuve du lieu de la première implantation de l'entreprise *Beauport*. Il permet de vérifier si les dirigeants de l'entreprise *Beauport* utilisent, dès sa création, le type d'exploitation agricole appelé « habitation-sucrerie ».

1.1 A la recherche de la parcelle 597

Le nom *Beauport* définit dans la légende de la carte[29] comme un centre d'activités renvoie à l'objet d'étude en tant que sucrerie-distillerie située dans la partie Nord de l'île Grande-Terre. Par conséquent toutes les cartes de l'île Grande-Terre sont susceptibles de prouver que le lieu de la première implantation de l'entreprise *Beauport* se trouve là. La thèse démarre avec deux pistes de recherche : un nom (*Beauport*) et un territoire (le Nord Grande-Terre). L'analyse du lien entre ce nom et ce territoire s'effectue grâce au va-et-vient entre la fenêtre d'étude n°1[30] et le *« Plan Delisle Grande Terre Guadeloupe représentant les terres telles qu'elles ont été arpentées avec les noms et quantités de quarrés de cent pas de chaque particulier »*[31]. La fenêtre d'étude n°1 permet de localiser l'objet d'étude dans son cadre topographique et de parcourir le territoire aménagé à la recherche de pistes conduisant aux activités de l'entreprise *Beauport*.

---

[29] *« Anse-Bertrand, Morne à l'Eau, Le Moule »,* Institut Géographique National 4601 G, série bleue 1 : 25000, Paris, 1988.

[30] Présentée à la page 18 dans la thèse.

[31] Présenté à la page 20 dans la thèse.

CARTE N°1. SOURCE IGN DE 1988

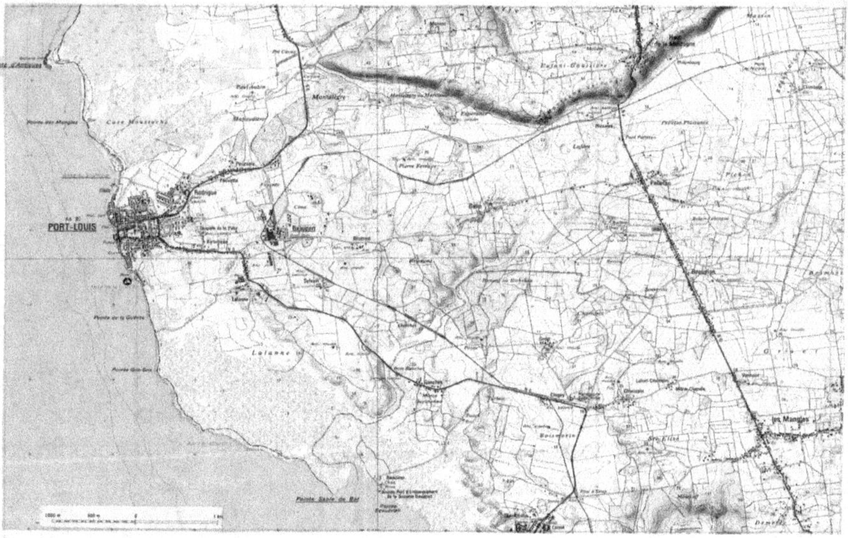

Source : « Anse-Bertrand, Morne à l'eau, Le Moule », Carte IGN 4601 G, 1988. Cette carte de randonnée a été rééditée par l'I.G.N « NORD GRANDE-TERRE POINTE DE LA GRANDE VIGIE 4601 GT », 2002.

LEGENDE DE LA CARTE N°1

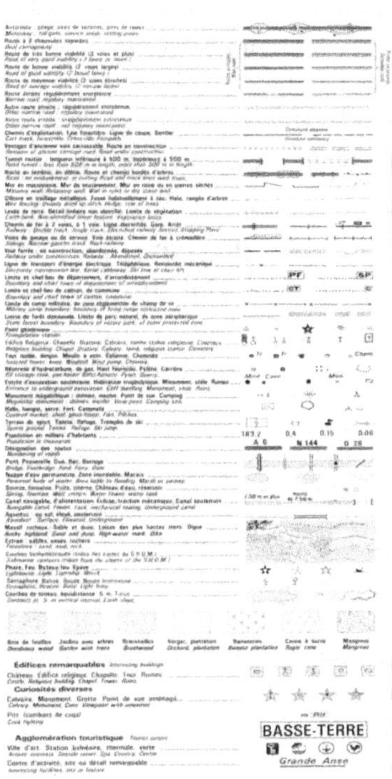

Commentaire :

La carte IGN est privilégiée comme outil de terrain en raison de la richesse des données qu'elle apporte, de la qualité de la couverture issue du tableau d'assemblage et de son accessibilité dans les points de vente de l'Institut Géographique National.

La carte montre que la distillerie-sucrerie *Beauport* se situe à l'est de la ville de *Port-Louis*. La canne plantée dans les terres est transformée en sucre et en rhum. A proximité de la distillerie-sucrerie sont signalés : l'ancienne balance, les anciens moulins. La représentation de la voie ferrée abandonnée laisse imaginer que, par le passé, un mode ferroviaire était utilisé pour l'acheminement des cannes jusqu'à la distillerie-sucrerie. Le rappel de l'existence du port d'embarquement souligne que le mode de transport maritime était utilisé pour le départ des marchandises vers l'extérieur. Grâce aux données inscrites, il est possible d'affirmer que les activités de l'entreprise concernent les secteurs agricole et industriel. Le lien avec l'extérieur met bien en évidence le fait que l'entreprise *Beauport* a choisi d'organiser ses activités dans une île donc dans un petit territoire ouvert sur la mer. La lecture de la carte a permis la localisation précise de l'objet d'étude, la familiarisation avec le territoire aménagé et la découverte de la nature des activités de l'entreprise *Beauport*.

Source : « Anse-Bertrand, Morne à l'eau, Le Moule », Carte IGN 4601 G, 1988.

Contrairement à la carte n°2, qui est une représentation du territoire d'aujourd'hui, le plan parcellaire et la liste correspondante[32] sont susceptibles de dater l'organisation des activités économiques dans l'espace et dans le temps parce qu'ils traitent de la question du partage du territoire d'autrefois. Le plan original représente les deux îles[33] qui forment le territoire insulaire de la Guadeloupe à un moment où l'appropriation coloniale est largement entamée. Le plan montre l'aménagement territorial né de la délimitation contradictoire des parcelles en présence des propriétaires. Chacune des parcelles représentées est une *« portion de terrain de même culture, constituant l'unité cadastrale »*[34]. Si le plan localise et délimite la parcelle possédée, la liste qui l'accompagne précise l'identité du propriétaire foncier. Les superficies des propriétés sont très inégales. Elles varient de 11 quarrés de terre[35] à 400 quarrés de terre[36]. La fenêtre présentée à la page suivante ne concerne qu'une partie de l'île Grande-Terre. Elle montre dans la paroisse du *Port-Louis Pointe d'Antigues* les parcelles numérotées de 501 à 651. Le numéro attribué à chaque parcelle désigne « l'habitation ». Ce numéro renvoie, dans la liste correspondante, au nom de « l'habitant » et à la quantité de carrés de cent pas possédée. La sucrerie est représentée dans la liste par un pain de sucre qui symbolise sa présence dans l'exploitation agricole renommée à juste titre « habitation-sucrerie ».

[32] Présentés à la page 18 dans la thèse.
[33] Grande-Terre et Basse-Terre.
[34] A. REY (Dir.), *Le Robert Dictionnaire d'aujourd'hui*, 1994, p. 719.
[35] Parcelle 593.
[36] Parcelle 565.

CARTE N°2. PLAN PARCELLAIRE DIT CADASTRE DE 1732

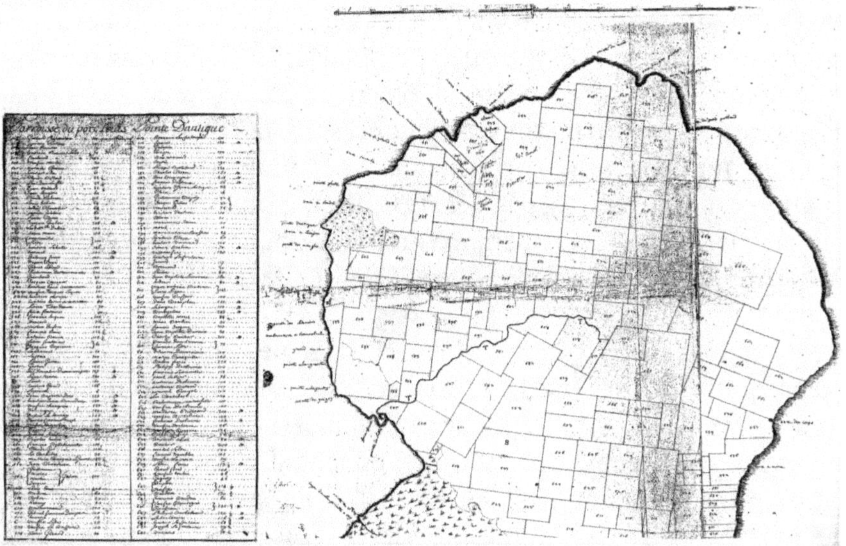

Source : « Plan Delisle Grande-Terre Guadeloupe représentant les terres telles qu'elles ont été arpentées avec les noms et les quantités de quarrés de cent pas de chaque particulier », Album de géographie historique (extraits d'archives : 1682-1818), CARAN.

Les données du plan et de la liste font de l'île Grande-Terre un territoire en pleine appropriation car seules les terres morneuses et de peu de valeurs sont laissées à l'abandon. Les « habitations » sont construites grâce à l'attribution de terres à défricher et au mouvement de création des quartiers. Même si les sucreries n'existent pas encore dans toutes les « habitations », elles permettent, grâce à leur fonction de production exclusive, un aménagement territorial en île à sucre. La familiarisation avec le territoire de l'entreprise *Beauport* passe par une connaissance des propriétaires fonciers qui, à un moment T, ont possédé un lieu Y. L'interdépendance entre les parcelles et leurs propriétaires est réelle parce que les patronymes rattachés aux parcelles indiquent les hommes à l'œuvre pour la transformation de la canne en sucre.

L'expérimentation graphique démarre par un va et vient de la fenêtre d'étude n°1 au plan parcellaire qui suscite la question suivante : pourquoi le nom *Beauport* inscrit dans la fenêtre d'étude n°1 n'est pas retrouvé dans la liste[37] qui accompagne le plan parcellaire ? Le nom *Beauport* ne figure pas dans la liste parce que Pierre Guillaume Ruillier-Beauport n'est pas recensé comme propriétaire foncier. Il faut noter cependant la présence de Charles Ruillier qui possède, dès 1732, la parcelle 614. Malgré l'absence du porteur du nom patronymique l'expérimentation graphique se poursuit pour chercher la parcelle qui pourrait correspondre au lieu de la première implantation de l'entreprise *Beauport.* Cette hypothèse soulève deux questions : Quel est précisément ce lieu ? Comment et avec quels acteurs cette entreprise s'installe dans l'île Grande-Terre ?

A cause de sa localisation, la parcelle 597, rattachée au nom de Simon Babin dans la liste correspondante, est une piste graphique pour trouver la clé qui ouvre la porte de l'entreprise *Beauport.* Mais, est-il possible de resituer dans son contexte historique et spatial cette parcelle 597 ? Peut-on retrouver les limites des parcelles du plan sur la fenêtre d'étude n°1 ? Au fur et à mesure des étapes de la cartographie expérimentale, l'hypothèse de la superposition de la parcelle 597 à l'emplacement de la sucrerie-distillerie *Beauport* se vérifie.

1) Choix des fonds de cartes

Le plan de 1732[38] et la fenêtre d'étude n°1[39] sont choisis pour l'expérimentation graphique. Les deux documents[40], acquis pour la familiarisation avec le Nord Grande-Terre, offrent, à une date donnée une image des lieux qui composent le territoire de l'entreprise *Beauport.*

2) Choix de la fenêtre d'étude

La fenêtre n°1 est utilisée telle qu'elle est présentée en page 16.

3) Confrontation des deux représentations

Le parcellaire des « habitations » et « habitations-sucreries » est repris au crayon sur la carte de 1732. La parcelle 597 est repérée.

---

[37] Voir page précédente.

[38] Présenté à la page 18 dans la thèse.

[39] Présentée à la page 16 dans la thèse.

[40] La carte topographique a été achetée avant d'effectuer le terrain, la photocopie en noir et blanc du plan ancien a été rapportée du terrain.

4) Mise à la même échelle des deux cartes
Des repères[41] identiques sont choisis sur chacune des deux cartes. Seuls deux de ces repères sont finalement retenus. Il s'agit de la *limite communale* à cause de son statut de tracé historique et de *l'angle gauche de la parcelle 597* facilement repérable.

CARTE N°3. REPERES POUR UNE MISE A LA MEME ECHELLE DES CARTES

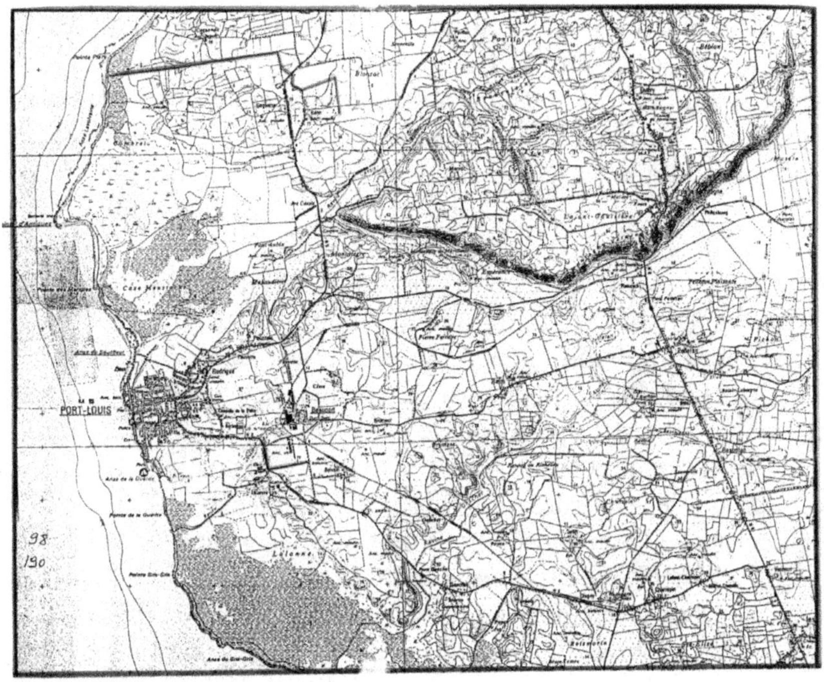

Source : Réduction de la carte *« Anse-Bertrand, Morne à l'Eau, Le Moule »*, IGN 4601G, série bleue 1 : 25000, Paris, 1988.

La distance mesurée entre ces deux points est de 190 cm sur la carte IGN et de 98 cm sur le plan de 1732. Le rapport 190/98 soit 1,938 devient le zoom occasionnel à enregistrer dans le photocopieur. Par conséquent, la carte de 1732 va être augmentée de 1,938 pour que les deux cartes soient à la même échelle.

---

[41] La *Pointe Plate*, *Pointe d'Antigues*, l'angle gauche de la parcelle 597, la limite communale à proximité de la *Pointe Plate*.

5) Limites parcellaires

L'examen attentif et soigné a permis de retrouver de nombreux vestiges du plan de 1732 sur la fenêtre d'étude n°1. Pour retrouver les limites anciennes, il convenait de s'appuyer sur les traits forts et permanents du paysage notamment les données naturelles (côtes, ravines), les voies de communication (limites communales, axes routiers). A donc été reconstituée la topologie du réseau cadastral. Ce réseau est plus malaisé à mettre en place eu égard à la topographie de la carte, en particulier dans la partie médiane, où les repères naturels sont moins nombreux. Pour rendre compte des choix et des incertitudes rencontrées il fallait reporter sur la préparation[42] : les tracés dont on peut être certain ; les tracés reconstitués d'après la trame géométrique mais sans confirmation lisible sur le terrain ; les tracés les plus aléatoires dans la zone médiane où les déformations du plan par rapport à la carte actuelle sont les plus grandes.

6) Le résultat

L'arpenteur structure l'espace pour le droit à l'occupation du territoire. Le document cartographique confirme l'hypothèse du « lieu de la première implantation » de l'entreprise *Beauport*. A mesure que les parcelles se reconstituent sur la carte, la parcelle 597 s'avère être le point de départ de l'extension territoriale de l'entreprise *Beauport* dans le Nord Grande-Terre. La dimension sociospatiale du document cartographique est mesurée eu égard aux données portées sur la carte qui concernent tant les « habitations-sucreries » que les propriétaires fonciers. « L'habitation-sucrerie » de Simon Babin[43], est bien celle adjugée à Pierre Guillaume Ruillier-Beauport en 1813. L'œil a pensé, les doigts ont reporté, les cartes ont parlé pour : *« retrouver ainsi un regard neuf, naïf peut être face à la réalité qui s'offre à la curiosité scientifique, même si le chemin est jalonné des petits cailloux blancs toujours éphémères de l'hypothèse ou de la théorie ; être prêt à accueillir la surprise même si elle dérange, à se laisser interpeller par l'imprévu, et à reprendre en conséquence la problématique... ».*[44]

[42] Présentée à la page suivante.

[43] Cette « habitation-sucrerie » deviendra la propriété de sieur *Barbotteau* en 1766. Elle sera ensuite vendue en 1783 (acte du notaire Gédouin, 2 novembre 1783), puis partagée en 1788 (acte du notaire Blin, 4 avril 1788).

[44] Françoise Vergneault-Belmont, « L'œil qui pense, Méthodes Graphiques pour la recherche en sciences de l'homme, vingt-trois itinéraires de découverte », L'Harmattan, 1998, p.11.

CARTE N°4. ESSAI DE REPORT DES LIMITES CADASTRALES

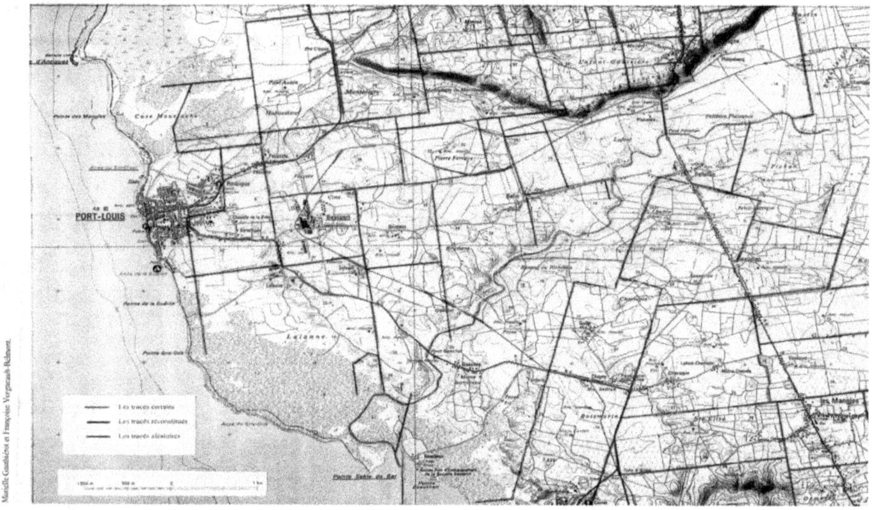

Source : Carte IGN de 1988.

Si le report des limites cadastrales fait de la parcelle 597 la clé qui ouvre la porte de l'entreprise *Beauport*, l'acte notarié permet de franchir le seuil de cette porte ouverte pour l'analyse de l'aménagement territorial et de la transformation sociale. Si les documents cartographiques délivrent le message de leur concepteur, la force de ce message diffère de l'analyse que peut en faire le chercheur. La représentation comme la non représentation visuelle des objets suscitent un questionnement et orientent la recherche pour donner du sens à ce qui semble être absent. L'entreprise *Beauport* semble absente du plan parcellaire mais la localisation de la parcelle 597 apporte la preuve du « lieu de sa première implantation ». Ce résultat permet de comprendre que l'organisation de la production de sucre de canne commence là où se trouvent les traces de l'appropriation coloniale de l'île Grande-Terre. Au fil des attributions de parcelles, « l'habitation-sucrerie », s'affirme comme un type d'exploitation agricole devenu un modèle d'organisation sociospatiale.

1.2 « L'habitation-sucrerie » dite *Beauport* : un modèle d'organisation sociospatiale

En tant que trace écrite d'actions légales menées par les propriétaires fonciers, l'inventaire de « l'habitation-sucrerie » dite *Beauport* dressé par les notaires Pénicaut et La Salignière fournit les données nécessaires pour une analyse du modèle d'organisation sociospatiale.

Tableau n°2 : L'inventaire de « l'habitation-sucrerie » dite *Beauport*

DATE	SUPERFICIE		VALEUR DE LA PROPRIETE		ESCLAVES	
16/02/1813	quarrés	hectares	Livres coloniales	Francs et centimes	nbre	valeur en Livres
	102	97 environ	672, 897	363, 634,38	70	169, 96

Source : ADG, Gazette Officielle de la Guadeloupe, n°26, 10 mai 1840.

« L'habitation-sucrerie » dite *Beauport* se compose de :
Bâtiments et ustensiles d'habitation.......... 199, 319 Livres coloniales
8 Bœufs tirants...................................7, 020 Livres coloniales
2 Bonvards..750 Livres coloniales
4 Vaches...1, 578 Livres coloniales
10 Mulets..9, 360 Livres coloniales
70 Esclaves des deux sexes et négrillons......169, 960 Livres coloniales
Plantations, alors existantes.......................30, 510 Livres coloniales
Denrées, alors fabriquées...........................9, 600 Livres coloniales
Fonds de terres...................................244, 800 Livres coloniales

La présentation sous forme de liste fige le territoire de « l'habitation-sucrerie » dans la valeur marchande de chacune de ses composantes. Si le notaire enregistre le caractère authentique de l'opération menée, seuls les éléments pertinents pour l'acheteur et le vendeur sont mis en avant. L'inventaire de « l'habitation-sucrerie » dite *Beauport* ne rend pas compte de l'interaction entre son territoire et ses occupants parce que le sort réservé aux populations est secondaire par rapport aux calculs financiers. La parole de ceux qui souffrent à l'intérieur de « l'habitation-sucrerie » dite *Beauport* n'est pas rapportée même s'ils arrosent de leur sueur et de leur sang chaque parcelle de terre. L'inventaire estime la valeur financière des esclaves, devenus objets/sujets du système de la colonisation, de même qu'il signale le drame humain qui se joue dans « l'habitation-sucrerie ». En effet, les esclaves de traite[45] forment une frange importante de population stigmatisée par son origine africaine et par les différents degrés de couleur des corps. Les esclaves sont le capital vivant de « l'habitant » et de « l'habitation-sucrerie » puisqu'ils constituent après les *« bâtiments et ustensiles »*[46] et les *« fonds de terres »*[47] la troisième

[45] L'abolition de la traite par la France et surtout son application n'a lieu qu'après 1815.
[46] Archives Départementales de la Guadeloupe, *Ibidem*, n°26, 13 mai 1840.

composante à plus forte valeur financière[48]. Sans ses *« 70 esclaves des deux sexes et négrillons »,* « l'habitation-sucrerie » dite *Beauport* perd le quart de sa valeur marchande. L'expression *« 70 esclaves des deux sexes »* renferme un indicateur pertinent quant au renouvellement du nombre d'individus déportés d'Afrique. Les couples du genre masculin et féminin sont reformés, de fait ou sous la contrainte, afin que la reproduction physique de cette population soit assurée. Le système de la colonisation donne aux esclaves un double statut de capital et de main-d'œuvre servile. Ce qui en conséquence permet la fusion du capital et de la main-d'œuvre pour un aménagement territorial singulier à partir de la transformation de la canne en sucre. Ce faisant, l'accumulation de capital et la pérennité de la main-d'œuvre servile sont assurées par la reproduction physique de cette frange de population de la société coloniale esclavagiste et ségrégationniste. Le système de la colonisation peut cependant être perturbé par le désir des esclaves de mettre un terme à leur vie, de refuser de donner la vie ou de quitter « l'habitation-sucrerie ». La femme esclave, par exemple, est la plus redoutable sur le plan économique lorsqu'elle décide du sort de son fœtus. Le suicide, l'avortement et le marronnage prouvent que, même dépossédé de son être et de sa liberté, l'esclave conserve un pouvoir sur les battements de son cœur et sur sa mobilité. Si ces conduites individuelles ne permettent pas la remise en cause du modèle d'organisation sociospatiale elles entravent cependant le fonctionnement du système de la colonisation. L'inventaire de *« l'habitation-sucrerie dite Beauport »* révèle que Pierre-Guillaume Ruillier-Beauport utilise un modèle d'organisation sociospatiale. La description de « l'habitation-type » faite par le père Labat et le plan qu'elle a inspiré à Guy Lasserre révèlent l'organisation du travail à l'intérieur du modèle d'organisation sociospatiale.

---

[47] *Idem.*

[48] Estimée en livres de pétun, en livres de sucre puis en livres coloniales.

CARTE N°5. L'HABITATION TYPE EN 1783 -1784

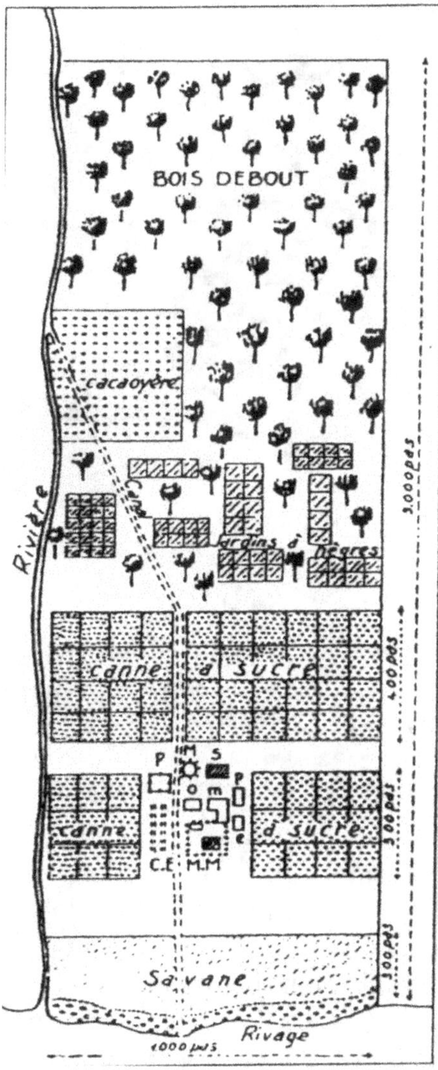

Légende :

M.M	maison du maître
C.E	cases des esclaves
M	moulin à eau
S	sucrerie
P	parc à bœufs
O	office
P	purgerie
m	magasins
c	étuve

Description du Père LABAT J-B., Nouveau voyage aux isles de l'Amérique, contenant l'histoire naturelle de ces pays, l'origine, les mœurs, la religion et le gouvernement des habitants anciens et modernes (1742) ; Fort de France, Horizons Caraïbe, 1972-1973.

Source : Plan dressé par Guy LASSERRE d'après la description du père LABAT, La Guadeloupe, étude géographique, Bordeaux, Union française d'impression, 1961, p.355.

Commentaire

L'élément naturel auquel est accolée l'habitation-sucrerie est la rivière puisque l'eau est utilisée comme force motrice pour le moulin. Ce choix justifie le canal creusé. La sucrerie transforme les cannes en sucre non raffiné sur leur lieu même de culture. L'aménagement territorial de l'habitation-sucrerie montre comment les activités s'organisent en rassemblant des personnes aux statuts différents.

CARTE N°6. L'HABITATION MARQUISAT D'HOUELBOURG

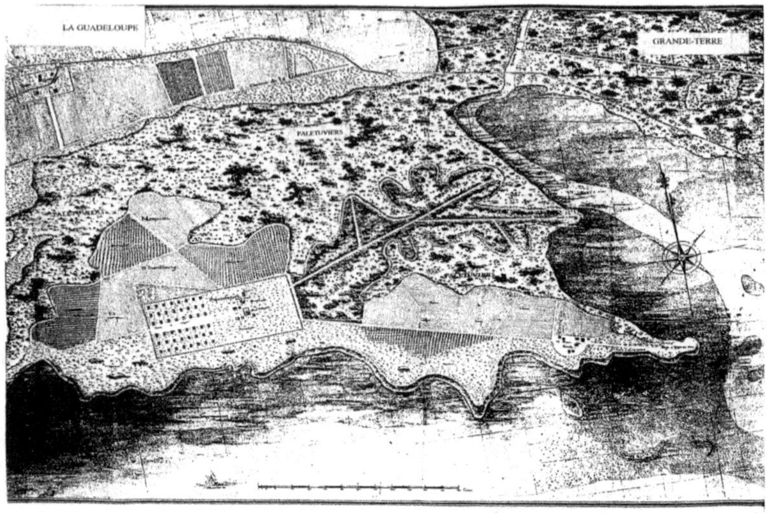

Cette « habitation-sucrerie » se compose de « *pièces de cannes à sucre* » et d'un ensemble de « *dépendances* ». Ces dépendances sont les « *cases à nègres en alignement, la savane, la sucrerie, la maison principale, le moulin à vent* ». La sucrerie met en évidence la domination d'un type de production et l'expérience de la monoculture.

Compte tenu de la date du plan, le « *Code Noir* » ou « *Recueil des règlements rendus jusqu'à présent, concernant le Gouvernement, l'Administration de la Justice, la Police, la Discipline et le Commerce des Nègres dans les Colonies Françaises et les Conseils et Compagnies établis à ce sujet* », conçu par Colbert en 1685, a déjà établi juridiquement la stratification sociale stigmatisée. Il s'agit de retenir la couleur de la peau des corps comme critère de classification des personnes à l'intérieur de « l'habitation-sucrerie ». Ce qui n'empêche pas les individus, acteurs ou objets/sujets, de vivre à l'étroit, dans différentes « *dépendances* », pour le meilleur et pour le pire.

Source : « Plan de la ville Pointe à Pitre en lisle Grande Terre Guadeloupe levé et dessiné par Sieur Nassau Arpenteur breveté du Roi et Adjoint au Grand Voyer de lisle en 1783 et 1784 », Album de géographie historique : extraits d'archives (1682-1818).

Parce que le plan parcellaire recense autant « d'habitations » que « d'habitants », il est possible d'affirmer que la création des « habitations-sucreries » dans le territoire insulaire de la Guadeloupe est proportionnelle à l'arrivée des acteurs économiques métropolitains. Ce faisant, la diffusion du modèle d'organisation sociospatiale devient interdépendante de l'ouverture de l'île Grande-Terre au commerce avec la métropole. Le modèle d'organisation sociospatiale est le résultat de l'appropriation coloniale initiée par deux volontés extérieures qui produisent des changements à l'intérieur des îles. D'une part, la volonté de conquête et d'aménagement des îles par les pays qui adhèrent à la marche capitaliste du monde. D'autre part, la volonté de déporter dans les îles les Africains, exclus de l'humanité et transformés en capital vivant mis en circulation par les Européens. Ceux qui détiennent des capitaux et des armes de destruction massive inventent, eu égard à leur conception capitaliste du monde, le système de la colonisation et expérimentent un modèle d'organisation sociospatiale diffusable d'une île à l'autre. La découverte en 1798 du procédé de fabrication du sucre de betterave et le début de sa fabrication industrielle en 1799 dans les usines de la métropole, imposent une rude concurrence au sucre de canne. La métropole, seul client de la colonie, produit industriellement un sucre de meilleure qualité appelé à être de moins en moins cher. Cette nouvelle réalité économique aboutit à un nouvel aménagement.

1.3 L'aménagement des « habitations-sucreries » en usines : un fait historique

Les premières usines sont implantées dès 1844, donc quatre ans avant l'abolition de l'esclavage. L'industrialisation arrive dans une société qui demeure coloniale, esclavagiste et ségrégationniste. La transformation industrielle de la canne en sucre non raffiné est plus importante que l'égalité juridique et sociale. Ce choix maintient la main-d'œuvre servile dans son destin tragique. Sans changements de statuts juridiques pour les esclaves, le nouvel aménagement territorial réorganise le travail en séparant les tâches agricoles des tâches industrielles. Ce faisant la main-d'œuvre des champs est séparée de celle des usines. Si la diffusion de « l'habitation-sucrerie » répond à la demande en sucre, l'apparition des premières usines résulte de la volonté de création d'une industrie du sucre de canne. Si les producteurs sont en Guadeloupe, ceux qui maîtrisent les technologies de production industrielle sont en métropole. Les chercheurs métropolitains, à partir de l'expérience de la betterave, formulent leurs propositions : *« Un chimiste français, Péligot démontre qu'il est possible de dessécher la canne dès sa coupe et ensuite d'en extraire le sucre en la réhydratant par macération*[49]*. Son expérience est poursuivie par le physicien Pierre Pelletan (Faculté de médecine de Paris) qui met au point un procédé de dessication industrielle. En février 1840, Pelletan, Jabrun et le négociant J-B Cailleux créent à Paris la Société d'Exploitation des cannes desséchées »*[50]. Deux chimistes, messieurs Plaigne et Legras sont alors envoyés en Guadeloupe par les maisons Derosne[51] et Cail[52]. Leur mission consiste

---

[49] Fin 1830.

[50] R. GAMA, « Kann lésé Bitasyon pou lizinn », Latilye Chaben, Lekol Gwo-Ka, 26 mars 2000, 1 page.

[51] Charles Derosne : *« Pharmacien-Chimiste à Paris, où il était très connu pour ses travaux et ses expériences. Il s'était en particulier occupé de fabrication du sucre de betterave sous l'Empire, puis avait créé un atelier de construction d'appareils d'évaporation »*, C. Schnakenbourg, AM 32, p. 207.

à faire connaître leur nouveau matériel pour la fabrication du sucre. Cette mission annonce la pénétration imminente du marché colonial. En effet, le test effectué à l'île de la Réunion valide la nouvelle machine créée par Derosne et Cail. Les conséquences de la nature volcanique et sismique des îles fournissent des opportunités aux acteurs économiques extérieurs. Si les cartes représentent, le plus souvent, les lieux aménagés et les zones à risques, elles n'offrent pas d'images des îles bouleversées par le déchaînement des forces de la nature. La fragilité du milieu insulaire explique la facilité avec laquelle les capitaux métropolitains se déversent à l'intérieur des îles. Pour investir, il faut un motif. A la suite des dégâts causés par un cyclone, une éruption volcanique ou comme en 1843 un tremblement de terre, l'état des lieux fournit aux investisseurs le motif le plus moderne : le secours aux populations sinistrées. Le tremblement de terre détruit, en 1843, la majeure partie des « habitations-sucreries ». Cette catastrophe naturelle et ses conséquences fournissent une opportunité économique et les dégâts provoqués, constituent, aux yeux des décideurs, une chance à saisir pour le lancement de l'industrie sucrière : *« Au fond l'idée de l'entreprise était naturellement indiquée par les progrès incessants de la fabrication du sucre indigène ; le désastre de la Guadeloupe a fourni une occasion remarquable de la mettre en pratique (...). Sa tentative aura du moins enseigné le progrès aux colons, montré le but à atteindre, semé des germes qui fructifieront pour d'autres sinon pour la société »*[53]. L'île Grande-Terre s'ouvre aux capitaux extérieurs avec la création de la *Société Anonyme parisienne*. L'apport de capitaux extérieurs doit permettre, à partir de l'expérience de la betterave, d'introduire la division du travail et de procéder à la concentration industrielle. Le modèle vanté

---

[52] Jean-Francois Cail : *« Poitevin, né à Chef-Boutonne en 1804, dans une famille d'artisans pauvres. Après une enfance difficile, il entre comme ouvrier chaudronnier chez Ch. Derosne qui le remarque vite. Il grimpe rapidement tous les degrés de la hiérarchie, contremaître, puis chef d'atelier, et enfin directeur, après son premier coup d'éclat, la mise eu point d'un nouveau type d'appareil à distiller et à rectifier, plus performant et plus économique que tous ceux qui existaient jusqu'alors et qui connaît un très grand succès dans les milieux viticoles en France et à l'étranger. Finalement en 1836, ch. Derosne le prend comme associé, pour fonder la nouvelle maison « CH. Derosne et Cail ». Celle-ci se tourne alors vers les biens d'équipement sucrier, puis à partir de 1840, les deux hommes abordent la grande mécanique, et notamment la construction de locomotives. Jean-François Cail prend la direction de l'affaire à la mort de son ancien patron en 1846, de 1834 à 1848, le nombre d'ouvriers employés dans l'entreprise passe de 50 à 700 », Ibidem.*

[53] « Lettre de rapport faite à Paris le 14 août 1843 et adressée au Ministre secrétaire d'état au département de l'agriculture et du commerce », Archives Nationales de Paris, CARAN, F 12, carton 6 731.

n'est plus celui de « l'habitation » appartenant à un seul particulier. L'industrialisation prévoit, au contraire, le regroupement de plusieurs « habitations » autour d'une seule et même usine devenue centrale. Les « habitants » organisent l'industrialisation de leurs « habitations » en multipliant les investissements individuels ou collectifs. Le plus souvent, les lieux d'implantation des usines correspondent aux terrains concédés par les propriétaires des anciennes « habitations-sucreries » dont elles portent le nom. Les habitants choisissent la modernisation, suggérée par la publication de l'ingénieur Paul Daubrée[54] et par les projets de création d'usines centrales[55]. Cette modernisation passe par la réorganisation de la production et du travail dans « l'habitation » : *« Il soutenait la thèse que le salut colonial devait être recherché dans une séparation absolue de l'agriculture et de l'industrie. Après une analyse minutieuse des faiblesses du vieux système, il estimait inutiles les tentatives partielles et timides de modernisation : moulins à vapeur et cylindres horizontaux, filtres et clarificateurs jumelés à l'ancien équipage, ne permettraient pas de résister à la sucrerie moderne de betterave »*[56]. Paul Daubrée construit alors, avec sa fortune personnelle, l'usine *Duval*[57]. Lebaudy envisage de *« fonder une « Compagnie Royale des Antilles »*[58]*. L'association avec le Comte de Chazelles*[59] *et ses partenaires financiers aboutit finalement à la création de la « Compagnie des Antilles ».*[60]

« Lesquels ont exposé que voulant faire profiter les colonies françaises des perfectionnements introduits dans la fabrication du sucre, et désirant séparer, pour chaque plantation, l'exploitation agricole de l'industrie manufacturière en créant des usines centrales appropriées au service de plusieurs habitations, ils ont résolu de fonder une société

---

[54] P. DAUBREE, *La question coloniale sous le rapport industriel*, F. Malteste (1re édition), 1841, 91 pages.
[55] Archives Nationales de Paris, CARAN, F 12 carton 149 : dossier 974, « création d'usines centrales, 1844-1857 ».
[56] G. LASSERRE, *La Guadeloupe. Etude de géographie*, Union française d'impression, 1961, p. 389.
[57] A Petit-Canal.
[58] Compagnie dont le capital serait égal à 10 millions de francs pour construire 40 usines centrales.
[59] Propriétaire de *Marly* à Sainte-Anne.
[60] « Société Anonyme établie à Paris, autorisée par ordonnance royale du 2 février 1844 », Archines Nationales de Paris, CARAN, F12 c 6731.

anonyme sur les bases du présent acte »[61]. La Compagnie des Antilles, en tant qu'outil juridique et économique, vise à : *« Recueillir les cannes des planteurs pour les convertir en sucre dans les fabriques centrales. Le siège et l'administration centrale de la société sont à Paris. Sa durée est de 20 ans, à compter du jour de son autorisation. Son capital est de six millions de francs. La société est représentée par une assemblée générale des actionnaires et un conseil d'administration pour la gestion des affaires sociales »*[62]. Trois censeurs sont nommés et la création des usines est programmée dans divers sites de la Guadeloupe et de la Martinique jugés convenables par le conseil d'administration. Les notes de correspondance soulignent que : *« Le but de cette société est de perfectionner la fabrication du sucre à la Guadeloupe et à la Martinique en introduisant dans ces deux colonies les appareils de fabrication en usage en France, dans les sucreries et raffineries, et en séparant l'industrie manufacturière de l'industrie agricole au moyen de la création d'usines centrales destinées à travailler les cannes de plusieurs habitations »*[63]. La Compagnie des Antilles devient l'outil de la transformation financière et spatiale de plusieurs « habitations-sucreries » situées dans les îles Grande-Terre et Marie-Galante. La Compagnie des Antilles construit les usines centrales Marly[64], Zévallos[65], Bellevue[66] et Grand'Anse[67]. Les projets séduisent le Ministère de la Marine et des Colonies mais sont mal accueillis par les producteurs locaux de sucre. Cette réaction est légitime car le financement des usines par des capitaux métropolitains favorise le glissement des propriétés foncières aux mains d'acteurs économiques extérieurs à la société coloniale esclavagiste et ségrégationniste. Les « habitants » deviennent alors de simples fournisseurs de cannes qui perdent leur pouvoir sur la terre et sur la production. S'ils refusent ce changement de fonction économique, ils sont obligés de prendre des risques financiers en utilisant leurs fonds propres ou en contractant des emprunts. Les « habitants » qui ont des fonds propres décident de ne

---

[61] Ibidem.
[62] Idem.
[63] « Lettre des administrateurs provisoires de la compagnie faite à Paris et datée du 2 juin 1843 adressée à Monsieur le Ministre de l'agriculture et du commerce, signée par A. Lebaudy ». Idem.
[64] A Sainte-Anne.
[65] Au Moule.
[66] A Port-Louis.
[67] A Marie-Galante.

pas attendre le « secours » des investisseurs métropolitains. Ils créent six petites usines comme celle de *Plaisance/Pelletan* à Port-Louis. L'industrialisation instaure d'entrée une inégalité puisqu'elle enrichit les investisseurs métropolitains, alors qu'elle endette les producteurs de matières premières. L'industrialisation n'abolit ni l'esclavage, ni la ségrégation mais elle fait entrer l'île Grande-Terre dans la marche capitaliste du monde. La modernité modifie la fonction économique des propriétaires fonciers (fournisseurs de cannes) tandis qu'elle maintient le statut juridique des esclaves. La modernité produit des inégalités de part et d'autre de l'océan Atlantique puisque les continentaux s'enrichissent tandis que les insulaires s'endettent. L'aménagement territorial de l'habitation-sucrerie en usine organise la production industrielle mais ne planifie pas le recrutement d'une main d'œuvre ouvrière dont le travail serait rémunéré. Il assure cependant aux industriels métropolitains l'écoulement du surplus de matériel qu'ils fabriquent et aux ouvriers métropolitains un revenu mensuel. Il semble que même dans une société coloniale, esclavagiste et ségrégationniste l'industrialisation et l'ouverture de nouveaux marchés réorganisent le travail de même qu'elles accélèrent la transformation sociale. *Beauport* est exclue de ces changements parce qu'elle n'est pas encore industrialisée. Ce retard ne constitue nullement un handicap puisqu'il rend l'entreprise exemplaire, originale et complexe. *Beauport* ne s'industrialise qu'après avoir été privée, suite à l'abolition de l'esclavage, de son capital vivant. Ce faisant, les dirigeants de l'entreprise *Beauport* ne peuvent plus être accusés de crime contre l'humanité lorsqu'ils font entrer *Beauport* dans la modernité. L'originalité de *Beauport* ne s'arrête pas là car les dirigeants de l'entreprise adaptent le concept d'usine centrale à leur projet industriel en créant un « domaine propre[68] ». Si les premières centrales se contentent d'ouvrir partiellement l'île Grande-Terre aux seuls capitaux métropolitains, *Beauport* semble s'orienter vers un projet d'une autre dimension.

[68] Réserve foncière destinée exclusivement à l'approvisionnement de l'usine en cannes.

CHAPITRE 2
L'exemple d'une appropriation coloniale : l'entreprise *Beauport* à la Guadeloupe

Il est utile de rappeler que la cartographie expérimentale[69] a apporté la preuve du lieu de la première implantation de l'entreprise au même emplacement depuis 1732. Par conséquent, le développement de ses activités s'est organisé depuis la parcelle 597 pendant plus de 250 ans. Cette longévité permet aux dirigeants successifs de multiplier les expériences spatiales et de mettre en place le système de la plantation industrielle. Comme l'a révélé le cadastre de 1732[70], le positionnement dans le temps et dans l'espace facilite la mise en évidence de la dynamique interne de l'entreprise. L'ambition et le manque de capitaux poussent la famille Souques[71] à réunir d'abord toutes les conditions pour faire de l'aménagement territorial de leur « habitation-sucrerie » en usine une grande réussite. Ce choix s'avère judicieux car la situation coloniale et les décisions politiques évoluent rapidement. La colonie s'équipe d'une institution financière[72] et la suppression de l'Exclusif[73] fait entrer la Guadeloupe dans le libre-échange. Ces conditions plus que favorables permettent de créer, l'usine *Souques ou Beauport*[74] dite centrale de seconde génération. Ce faisant, l'entreprise affirme sa puissance en absorbant toutes les usines concurrentes dans l'île Grande-Terre. *Beauport* est exemplaire, originale et complexe lorsqu'elle devient la seule usine encore en activité dans l'île Grande-Terre à partir de 1929. Le caractère exemplaire de *Beauport* est visible dans la chronologie que nous présentons à la page suivante :

---

[69] Voir chapitre 1, pages 20 - 22.

[70] Présenté dans le premier chapitre à la page 18.

[71] Nouveaux dirigeants de « l'habitation-sucrerie » dite *Beauport* depuis 1836 et jusqu'en 1901.

[72] Le Crédit Colonial créé en 1860 puis transformé en Crédit Foncier Colonial en 1863.

[73] Régime économique qui imposait aux colonies de faire du commerce uniquement avec leur métropole.

[74] Mise à feu en 1863 cette usine est la plus grosse usine de la Guadeloupe jusqu'en 1869 : date de la création de *Darboussier*. A partir de cette date *Beauport* est reléguée à la deuxième place.

FIGURE N°1. CHRONOLOGIE DE BEAUPORT

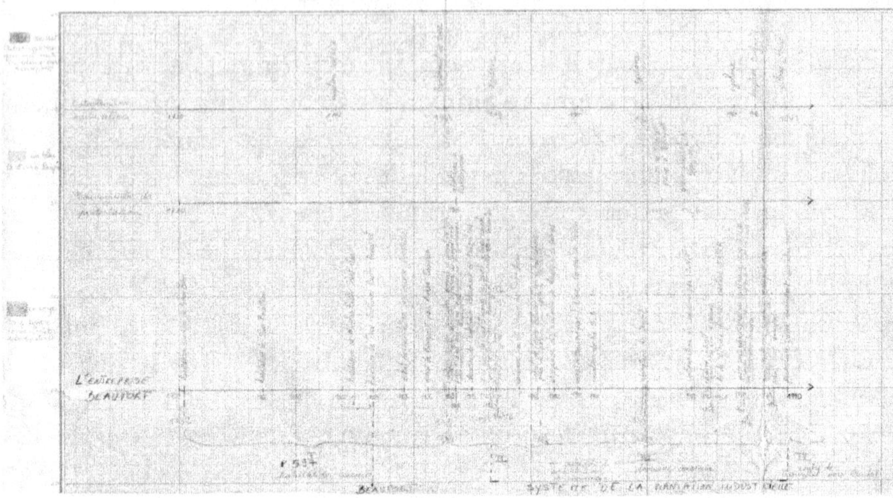

Source : Créé en atelier par Murielle GAUTHIEROT

2.1 Le projet

Lorsque Pierre-Guillaume Ruillier-Beauport devient propriétaire de « l'habitation-sucrerie » dite *Beauport* en 1813, l'entreprise correspond au modèle d'organisation sociospatiale diffusé dans toute l'île Grande-Terre. Le territoire de *Beauport* qui s'étend sur 97 hectares environ fonctionne avec 70 esclaves qui produisent des denrées tropicales[75]. La valeur de l'entreprise est estimée d'après l'inventaire à 363 000 francs environ. Suite au décès de Pierre Guillaume Ruillier-Beauport en 18 ?, « l'habitation-sucrerie » est achetée, en 1836, par Aman Souques : *« Originaire du Sud-Ouest, comme tant d'autres métropolitains qui immigrent en Guadeloupe sous la Restauration, A. Souques naît en 1801 à Saint-Gaudens. La date exacte de son arrivée dans l'île n'est pas connue, mais elle se situe très probablement vers 1824 ou 1825. Il ne s'installe pas à Port-Louis par hasard ; deux de ses oncles Montalègre y sont déjà fixés et exploitent les habitations-sucreries Bonvoisin (la future Marieulle-Montalègre) et Jolibois (la future Sylvain-Montalègre... »*[76]. Avant

[75] Donc pas uniquement du sucre même si l'unité spécifique de production existe déjà.

[76] C. SCHNAKENBOURG, « Histoire de Beauport au temps des Souques (1836-1901). Recherche sur les causes de la chute des usiniers créoles en Guadeloupe au début du

d'acquérir *Beauport*, Aman Souques se rapproche géographiquement et sentimentalement d'elle. Sa biographie[77] révèle la stratégie familiale employée. Si le mariage symbolise l'union civile et religieuse de deux personnes, il permet aussi, dans le cas d'Aman Souques et de Marie-Victoire Guéry, de relier deux communes du Nord Grande-Terre : *Port-Louis* et *Anse-Bertrand.* Les intérêts économiques des deux familles s'unissent et leur aire d'influence s'étend d'une commune à l'autre. Si la stratégie familiale peut aider à devenir plus rapidement un acteur économique important, ce n'est qu'après la création des premières usines centrales par d'autres que lui qu'Aman Souques affiche son projet industriel. Dans ce but, il achète ou loue les « habitations » situées à proximité de sa propriété et commence à constituer le « domaine propre » de sa future usine. Son comportement est avant-gardiste pour la gestion de son patrimoine foncier ; de même que son attitude envers son ancienne main-d'œuvre servile. Dès l'abolition, il verse aux nouveaux libres leurs premiers salaires : *« ... Le docteur Souques se singularise par son sens de la modernité. Tournant définitivement la page de l'esclavage, il adopte immédiatement le salariat comme seul moyen de retenir la main-d'œuvre dont il a besoin sur son « habitation » ; à Beauport en tout cas, la dépression post-abolitionniste semble vite surmontée, puisque dès Octobre 1848 il n'hésite pas à déclarer « qu'il est complètement satisfait et que sa récolte de l'année prochaine sera augmentée d'un tiers ... »*[78]. Parce qu'il aura besoin de capitaux pour financer la construction de son usine, Aman Souques envoie son fils Ernest en formation[79] dans les usines parisiennes de Jean-François Cail[80]. En choisissant Ernest, Aman Souques désigne très tôt, parmi ses héritiers, son successeur. Dans le même temps, l'appropriation du Nord Grande-Terre par l'entreprise se poursuit avec la prise à bail[81] de

---

20e siècle », In *Bulletin de la société d'histoire de la Guadeloupe n°115*, 1er trimestre 1998, Conseil Général de la Guadeloupe et Archives Départementales de la Guadeloupe, Basse-Terre, p. 64.

[77] Ecrite par les historiens, voir C. Schnakenbourg.

[78] C. Schnakenbourg, *Histoire de Beauport au temps des Souques (1836-1901). Recherche sur les causes de la chute des usiniers créoles en Guadeloupe au début du 20e siècle*, In *Bulletin de la société d'histoire de la Guadeloupe n°115*, 1er trimestre 1998, Conseil Général de la Guadeloupe et Archives Départementales de la Guadeloupe, Basse-Terre, p. 66.

[79] Décennie1850.

[80] Grand industriel métropolitain qui fabrique du matériel sucrier.

[81] L'acte de prise à bail indique le chemin vers le Colonat Partiaire, mode d'exploitation des terres, qui succède souvent à la prise à bail des terres d'une « habitation ».

« l'habitation » *Rodrigue*[82], la location de *Brumant*[83] et l'achat de *Lamarinière*[84]. La location vise essentiellement les terres cultivées en cannes « d'habitation » puisque Aman Souques constitue le « domaine propre » de sa future usine. Le mode d'appropriation de la terre détermine son mode d'exploitation et les investissements sont conformes au projet industriel de l'entreprise puisqu'une grande usine aura besoin d'un approvisionnement suffisant en cannes. Les actes d'Aman Souques confirment son ambition et sa volonté de se lancer dans une production industrielle. Alors qu'il n'a toujours pas franchi cette étape, l'empereur Napoléon III change la donne économique et juridique des colonies françaises en supprimant *l'Exclusif* : *« Le système de l'Exclusif réserve à la métropole, le monopole du commerce des produits coloniaux et de leur transport ; il implique également la spécialisation de la colonie et de la métropole, la première étant productrice de produits bruts, la seconde s'en réservant la transformation ; l'Exclusif protège tout autant le travail national – c'est l'expression consacrée – que le commerce métropolitain... »*[85]. Les situations coloniale et mondiale sont donc plus que favorables à l'industrialisation de *Beauport* ouvrant ainsi la quasi-totalité de l'île Grande-Terre à la production et au commerce du sucre de canne. C'est dans ce contexte que s'effectue la mise en place du système de la plantation industrielle.

2.2 Le système de la plantation industrielle

La transformation du *Crédit Colonial*[86] en *Crédit Foncier Colonial*[87] apporte les capitaux nécessaires à l'implantation de deux nouvelles usines (*Souques* et *Clugny*). Le *Crédit Foncier Colonial* accorde à Aman Souques un prêt de 550 000 F à 10% d'intérêts remboursables en 20 ans. Le partenariat avec Jean-François Cail complète le financement de l'usine *Souques*. La création de cette usine, presque 20 ans après l'apparition des premières centrales, concrétise le projet

[82] Ou *Saint-Guillaume.contigüe à Beauport.*

[83] Ou *Malgré Tout.*

[84] Ou *Lalanne.*

[85] P. GUILLAUME, *Le monde colonial 19e – 20e siècles*, Armand Colin, 1974, p. 252.

[86] CC créé en 1860.

[87] CFC, créé en 1863, AOM, minute Thionville, 10 juin 1871 cité par CH. SCHNAKENBOURG, « Histoire de Beauport au temps des Souques (1836-1901). Recherche sur les causes de la chute des usiniers créoles en Guadeloupe au début du 20e siècle », In *Bulletin de la société d'histoire de la Guadeloupe*, n°115, Ibid, 1998, p. 38.

méthodique et exemplaire d'Aman Souques. La mise à feu[88] est le signe visuel de l'aménagement de *Beauport* en usine. L'investissement total est de 1 600 000 francs[89]. Si ailleurs l'usine est séparée de l'activité agricole, dans l'entreprise *Beauport*, elle est intégrée aux terres qui lui sont exclusivement réservées. Le manque de capitaux peut expliquer l'industrialisation tardive de *Beauport*. En effet, Aman Souques s'endette parce que ses moyens ne sont pas à la hauteur de son ambition. Comme ses possibilités financières sont dépassées, la rémunération versée aux nouveaux libres de la société coloniale post-esclavagiste lui permet, au moins, de conserver la main-d'œuvre dont il a besoin. Le souci principal devient alors l'approvisionnement de l'usine en cannes. Dans la carte des usines et des habitations du Nord Grande Terre la représentation de l'usine *Souques* semble annoncer sa domination future. En effet, alors que *Bellevue* et *Duval* sont desservies par un chemin qui porte leur nom, l'emplacement de *Souques* est signalé par le chemin du centre. Cette usine est donc appelée à un destin exemplaire par rapport à ses voisines.

Les cannes du « domaine propre » alimentent directement l'usine. Malgré cette particularité, la capacité de broyage de l'usine est sous exploitée. La multiplication des sources d'approvisionnement (cannes d'habitations adhérentes[90], cannes de colons, cannes de colons-planteurs) et la demande d'acheminement des cannes justifient l'ouverture des communes de *Petit-Canal*, d'*Anse-Bertrand* et du *Moule* aux activités de l'entreprise. L'industrialisation de *Beauport* fragilise de plus en plus la famille Souques car, à plusieurs reprises proche de la faillite, elle est obligée de faire appel aux capitaux de Jean-François Cail. Ce partenariat aboutit à la vente d'une partie de l'entreprise à Jean-François Cail, qui crée la *Société de la sucrerie Beauport Souques, Jean-François Cail et Cie*[91] et au remplacement d'Aman Souques par son fils Ernest formé pour assumer ses nouvelles

---

[88] CH. SCHNAKENBOURG signale les Archives d'Outre-Mer, les minutes Thionville (10 juin 1871), pour la genèse de la construction de l'usine et les relations de la famille Souques avec Jean-François Cail. Voir aussi Gazette Officielle de la Guadeloupe du 1er Octobre 1861.

[89] Archives d'Outre Mer, Guadeloupe, c129 d 864, Gouverneur Lormel au ministre, 26 septembre 1865, Exposé général sur la situation de la Guadeloupe. Cité par C. Schnakenbourg.

[90] Ou engagées c'est-à-dire liées à l'usine par un contrat à long terme de fourniture exclusive de matière première.

[91] Société en nom collectif au capital de 1 500 000 F créée en 1864.

responsabilités. L'association avec Jean-François Cail permet de financer la construction d'un chemin de fer[92]. Réclamé par les « habitants » qui veulent broyer leurs cannes à l'usine, le transport ferroviaire offre une alimentation plus rapide de l'usine et une augmentation de la quantité de cannes broyées. C'est aussi un argument de taille pour la promotion de l'entreprise auprès des « habitants » non adhérents. La première ligne de chemin de fer est ouverte jusqu'à *La Goguette*[93] en 1865, et un an plus tard, la deuxième ligne est mise en service, car elle permet de rejoindre *Pierre Ferrayre (localisée à ...).* L'usine, la vapeur et le train sont entrés à *Beauport.* L'ouverture de la totalité de l'île Grande-Terre à la production et au commerce du sucre de canne est un objectif que les dirigeants de l'entreprise *Beauport* et leurs partenaires financiers atteignent. A ce stade de l'analyse, le besoin de déterminer les limites de la zone d'étude correspondant au territoire de l'entreprise *Beauport* s'est fait sentir. Grâce aux cartes, les limites connues sont celles des parcelles[94], celles des anciennes paroisses[95] et celles des communes de l'île Grande-Terre[96]. Si les cartes révèlent l'emplacement de « l'habitation-sucrerie » dite *Beauport* et de l'usine *Souques* à Port-Louis, le terrain parcouru ne se réduit pas uniquement à cette commune car les activités de l'entreprise s'étendent aux communes d'Anse Bertrand, Petit Canal, Le Moule. « L'habitation-sucrerie » dite *Beauport* n'est, en réalité, qu'une enclave dans ce que Guy Lasserre, Raymond Gama et Christian Schnakenbourg nomment le « Domaine de *Beauport* » appelé dans la thèse système de la plantation industrielle. Cette appellation est préférée pour éviter toute confusion avec le « domaine propre » car les travaux des chercheurs déjà cités tiennent compte du caractère intercommunal de *Beauport.* Si leur analyse s'étale dans l'espace, elle est souvent plus restreinte dans le temps et correspond alors à une période dans l'histoire de l'entreprise *Beauport* plutôt qu'à l'analyse de *Beauport* dans sa globalité. Le passage de la parcelle 597 au système de la plantation industrielle oblige à mettre en évidence toutes les expériences qui donnent à *Beauport* son caractère exemplaire, original et complexe. Guy Lasserre a été le premier à

---

[92] Type Decauville. Le tracé de ce chemin de fer est représenté dans la carte du système de la plantation industrielle, page 35.

[93] Elle sera prolongée plus tard vers l'Anse-Bertrand.

[94] Voir page 20 dans la thèse.

[95] Voir page 130 dans la thèse.

[96] Voir carte IGN 4601 G, série bleue 1: 25000, Paris, 1988.

cartographier à la main *Beauport*. Son travail est une référence reconnue qui a rendu possible le choix de cette entreprise devenue objet/terrain de cette thèse. Les premières cartes de *Beauport* révèlent les étapes de l'organisation des activités de cette entreprise dans l'île Grande-Terre.

CARTE N°7. LE SYSTEME DE LA PLANTATION INDUSTRIELLE

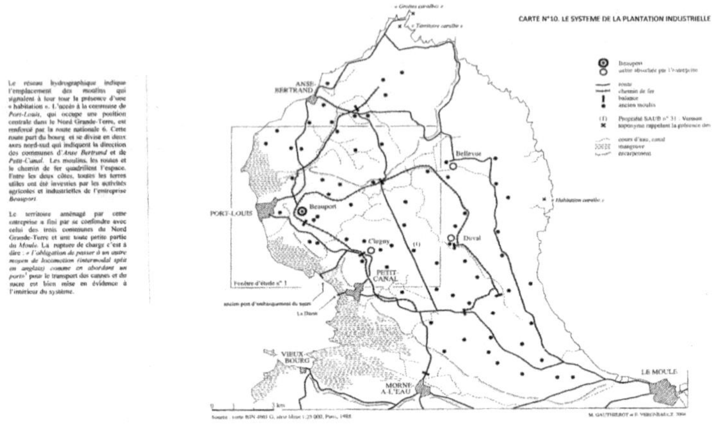

Source : Créée en atelier par Françoise VERGNEAULT-BELMONT et Murielle GAUTHIEROT.

Si la création du chemin de fer achève la mise en place du système de la plantation industrielle, elle ouvre encore un peu plus le capital de *Beauport* à Jean-François Cail. Ce qui aboutit à la fondation de la *Compagnie Sucrière de La Pointe à Pitre*[97] qui donnera naissance à *Darboussier*[98]. L'entreprise entre alors dans une phase de transformation, de concentration industrielle et de domination. La *Société sucrière de Port-Louis*[99] est créée, puis elle devient la *Société Anonyme des sucreries de Port-Louis*[100]. Parce qu'ils ont créé *Beauport* et *Darboussier*, les Souques expriment leur puissance par l'absorption de *Bellevue* et de *Clugny* en 1890, usines concurrentes, situées elles aussi dans l'île Grande-Terre. Le mouvement de concentration industrielle et d'extension territoriale marque la fin de l'histoire commune entre la famille Souques, expropriée[101], et

[97] En 1867.
[98] En 1869. Située à Pointe à Pitre, cette usine est la plus grosse jamais créée à la Guadeloupe. Elle relègue *Beauport* au second rang.
[99] Société Anonyme créée le 5 décembre 1876.
[100] Le 7 avril 1890.
[101] En 1901.

l'entreprise *Beauport*. Le « système de la plantation industrielle » a eu raison du moins capitaliste de ses créateurs. Jean-François Cail n'assiste pas à la ruine des Souques puisqu'il a progressivement retiré ses capitaux et qu'il se trouve de l'autre côté de l'océan Atlantique. Fernand Clerc, nouveau propriétaire de *Beauport* en 1901, est martiniquais. L'entreprise passe donc dans les mains d'une personne extérieure au lieu de sa première implantation (que s'est-il passé ?). Le lien avec la Martinique est vite rompu par l'expropriation du nouveau propriétaire en 1908. *Beauport* passe une fois de plus dans les mains de dirigeants extérieurs. L'entreprise est achetée par Besse (qui est-ce ?) et ses associés qui fondent alors la Société Anonyme des Usines de Beauport (SAUB) dont le siège social est fixé en 1908 à Bordeaux : *« l'un des principaux intérêts de la fixation du siège social en métropole est précisément qu'elle permet de se passer de l'entremise d'un commissionnaire pour vendre les produits expédiés par l'usine »*[102]. Le nouvel apport de capitaux métropolitains et les conséquences d'un cyclone[103], permettent aux dirigeants de la *Société Anonyme des Usines de Beauport* d'acheter, l'usine *Duval*[104]. Il a fallu soixante-six ans pour que *Beauport* devienne la seule usine en activité dans l'île Grande-Terre. Le système de la plantation industrielle s'est imposé. Son succès repose sur l'organisation méthodique de deux branches d'activités : l'agriculture et l'industrie. Le patrimoine foncier possédé par la Société Anonyme des Usines de Beauport (SAUB) est dû à la grande qualité du milieu naturel du Nord Grande-Terre mise en évidence par Guy Lasserre dans sa thèse : *« Il est bien connu que le Nord Grande-Terre est un plateau calcaire. Paysages tabulaires, relief calme subhorizontal, qui contraste avec les paysages tourmentés de la Guadeloupe volcanique. L'affirmation est valable dans son ensemble. Mais il ne convient pas d'imaginer ce pays comme une table calcaire monotone et sans aucun accident de relief. La variété dans le détail est la règle... »*[105]. Si la qualité des terres dépend de la générosité de la nature, la gestion des terres de *Beauport* évolue en fonction des choix des dirigeants et de l'amélioration imposée par les

---

[102] CH. SCHNAKENBOURG, *Bulletin de la société d'histoire de la Guadeloupe n°115*, Ibid, 1998, p. 95.

[103] Le cyclone fait à Petit-Canal 12 victimes et détruit en partie le bourg. A ce sujet voir F. FABRE et G. STHELE « Le cyclone de 1928 à la Pointe à Pitre », *Bulletin de la société d'histoire de la Guadeloupe*, n° 91, 1992, p. 41-43.

[104] Cette usine achetée en 1929 appartenait à Madame Aubéry, martiniquaise.

[105] C. A. MEDEIROS, L'évolution récente de la sucrerie Beauport (Guadeloupe). Etude de géographie humaine, 241 pages, Th : géographie tropicale : Bordeaux : 1970.

résultats de la concurrence internationale. Un rapport[106] souligne les améliorations à effectuer dans l'agriculture. Les concurrents de la Guadeloupe sont Java et les îles Hawaï avec une récolte de tonnes de cannes à l'hectare deux fois[107] plus importante que celle de la Guadeloupe. La première amélioration concerne l'abaissement du prix de revient de la canne tout en augmentant la richesse saccharine. Ces deux objectifs imposent « des méthodes de culture rationnelle et (...) des variétés de cannes à grand rendement cultural (...) ». Si les dirigeants de *Beauport* ont la possibilité de baisser le prix de revient de la canne cultivée en Faire Valoir Direct[108] c'est-à-dire dans le « domaine propre », ils ne peuvent pas le faire sur les terres mises en Colonat Partiaire[109]. La raison majeure est que sur ce type de terres, le prix de la tonne de cannes est fixé chaque année par l'administration. Si les contractuels fournissent des cannes à l'usine, le montant de leurs revenus ne dépend pas de la direction de *Beauport.* Les contractuels sont par conséquent dans une double contrainte celle de l'usine et celle de l'administration. Impuissants pour le calcul de leurs revenus, ils le sont aussi pour la teneur en sucre de leurs cannes. Si l'entreprise conserve les terres les plus fertiles pour son « domaine propre », elle fait cultiver ses terres les plus incultes par les contractuels. Déjà contraints et défavorisés par leur statut socioprofessionnel, les contractuels subissent des contrôles sur leur production. En effet d'après le modèle de la betterave en France et de la canne à sucre à Porto-Rico et à la Louisiane, les échantillons sont analysés pour calculer leur richesse en sucre. Ce qui n'est pas possible sur les meilleures terres est réclamé aux contractuels. Cette contradiction présage des conflits à venir. Le principal souci pour l'entreprise est l'abaissement du prix de revient de la tonne de cannes car, pour produire à moindre coût, comme d'autres pays, l'entreprise doit rationaliser ses méthodes de cultures et choisir une matière première de très bonne qualité. Si la rentabilité dépend de ces impératifs, la cohésion sociale dépend de la capacité des ouvriers des champs et de

---

106 Archives Départementales de la Guadeloupe, 2 M, 6201. Rapport sur « L'industrie de la canne à sucre à la Guadeloupe » adressé au Comité Directeur de l'Union des Ingénieurs Français.

107 Equivalente selon le rapport à 100 tonnes de cannes à l'hectare quand la Guadeloupe produit difficilement 50 tonnes l'hectare.

108 FVD, donc terres plantées en cannes et exploitées directement par l'entreprise pour l'approvisionnement de l'usine.

109 Mode d'exploitation de la terre qui lie par contrat les colons-planteurs, dits dans le texte : les contractuels, à l'usine.

l'usine à supporter la pression de la direction. Compte tenu des enjeux économiques qui pèsent sur le domaine agricole, il est logique que les dirigeants de la *Société Anonyme des Usines de Beauport*[110] le réorganisent en 1963. Alors que le domaine agricole se compose de 18 « habitations » organisées en quatre centres, une fois remanié, il comprend deux centres[111] regroupant chacun quatre « habitations ». Le centre nord avec *Sylvain, Philisbourg, Bétin, Beaufond* et le centre sud avec *Clugny, Sainte-Amélie, Duval, Girard.* Pour chacun des deux centres un inspecteur agricole est nommé : *« Les deux inspecteurs agricoles avaient sous leurs ordres un géreur et de un à trois économes par habitation en général des autochtones recrutés parmi les meilleurs travailleurs. L'organisation supérieure du département agricole de Beauport avait alors à sa tête un chef duquel dépendaient un service colons-planteurs (créé en 1963), un service travaux mécaniques agricoles TMA et les deux inspecteurs…»112.* L'absence de « l'habitation » *Beauport* dans la liste des « habitations » énumérées vient du fait que *Beauport* fait partie d'une organisation supérieure appelée le « département agricole de Beauport ». Ce qui signifie que *Beauport* est le centre des deux centres nord et sud créés. La division du travail rend complexe le fonctionnement de l'entreprise. Le domaine agricole est très protégé. En effet, sans ses terres plantées en Faire Valoir Direct l'entreprise *Beauport* devient dépendante des sources externes d'approvisionnement. Les cannes des « habitations » et les cannes des colons-planteurs sont toujours moins riches en sucre, mais leur production permet aux dirigeants de ne pas supporter le coût des cannes plantées sur les terres les moins fertiles. Si les contrats et l'organisation du travail créent des tensions entre patron et salariés, une action individuelle menée par un indien (d'où sort il ?) peut être à l'origine de la convivialité entre membres du personnel. Un potager planté dans le « domaine propre » alimente les étals du petit marché aux légumes, accessible aux membres du personnel de l'entreprise. Cet échange commercial permet d'établir des liens conviviaux entre la direction et son personnel européen, africain et indien qui achète dans ce lieu, des légumes de bonne qualité. Les familles logées à *Beauport* n'ont pas besoin de se rendre au bourg de *Port-Louis,* qui se trouve à 1,5 km, pour s'approvisionner en légumes frais. En conséquence il est possible d'affirmer que les

---

110 Société Anonyme des Usines de Beauport.

111 Un centre nord et un centre sud.

112 C. A MEDEIROS, Idem, 1970, p.100

dirigeants de *Beauport* testent l'autosuffisance. L'entreprise *Beauport* devient plus qu'un employeur : elle soigne dans son dispensaire tenu par des religieuses[113], elle envoie les enfants des familles à l'école tenue par des religieuses[114]. Si l'autosuffisance et le paternalisme améliorent la vie dans l'entreprise, les décideurs politiques fixent de plus en plus leur regard sur cette entreprise. L'implication dans la vie familiale du personnel de l'entreprise est possible parce que les bénéfices augmentent. Une partie, comme dans toute grande entreprise, sert à mener des actions sociales en faveur du personnel. A *Beauport*, ce sont plutôt des services publics, donc supposés être à la charge de l'Etat, qui s'implantent dans l'entreprise. Cette particularité est héritée de la société coloniale esclavagiste et ségrégationniste qui autorisait la présence à l'intérieur de « l'habitation » d'un hôpital, d'une prison… Cette diversification dans ce qu'il serait plus juste d'appeler les services et équipements urbains ne fait pas perdre de vue la préoccupation essentielle : la production et le commerce du sucre de canne. Pour améliorer l'activité industrielle, la technologie combine l'emploi généralisé de la vapeur, l'évaporation et la cuisson sous vide, ainsi que le turbinage de la masse cuite. Ce faisant, l'usine est divisée en sections spécialisées.

---

[113] « Sœur Elisabeth et sœur Gabrielle tiennent le dispensaire », In « Le pays de la canne, première tranche des travaux. Programme général », Cité des Sciences et de l'Industrie (Direction de l'Action Régionale, Département Etudes et Conseil), p. 30.

[114] « Sœur Clara tient la classe enfantine », Ibidem.

Chacune des sections de l'usine renvoie à une des sept étapes du processus de transformation de la canne. Le sucre de canne est expédié dans les raffineries[115] de l'hexagone. La liaison entre le producteur et le futur vendeur est gérée par un intermédiaire, le courtier en sucre qui réceptionne la marchandise. Cet agent met en rapport le patron de l'usine et le raffineur métropolitain. L'implantation des raffineries dans l'hexagone prouve que si la production de sucre a lieu à la Guadeloupe, la commercialisation s'est toujours produite à l'extérieur. Cet inconvénient maintient l'industrie locale dans une situation de dépendance aggravée par les fluctuations du cours du sucre et le coût excessif de la production guadeloupéenne. Le rapport[116] révèle les améliorations à effectuer au niveau de l'industrie. L'entreprise cherche à diminuer les coûts de fabrication du sucre en réduisant les frais de transport de la canne à l'usine, en modernisant ses chemins et sa voie ferrée et en regroupant les plantations de cannes autour d'une même usine. Les cadences de travail sont augmentées pour broyer le maximum de cannes par jour. Le matériel, standardisé pour toutes les usines, devient interchangeable en cas de panne. Un sachet rapporté du terrain, permet de visualiser l'emballage du sucre non raffiné produit jusqu'en 1990 à *Beauport*. Avec ce mode d'emballage, le transport du sucre vers l'hexagone est facilité, de même que sa vente au niveau local. Le poids net mis en sachet est de 5 kilos et le titrage 99[117] est mentionné.

---

[115] A Bordeaux, à Nantes, au Havre, à Dieppe.

[116] Archives Départementales de la Guadeloupe, 2 M, 6201. Rapport sur « l'industrie de la canne à sucre à la Guadeloupe et son avenir ».

[117] Ce chiffre renvoie à la proportion de matière première. Le titrage sert à déterminer de manière précise le cours du sucre sur le marché.

FIGURE N°2. SACHET DE SUCRE DE CANNE

Source : sachet offert par un acteur sur le terrain.

En conséquence, dans l'hexagone, un même fabricant de matériel sucrier, tel que Jean-François Cail, peut équiper plusieurs usines guadeloupéennes. L'augmentation du rendement est indispensable parce que la canne est une denrée périssable que le temps, les conditions météorologiques et le procédé même de transformation appauvrissent en sucre. En augmentant les cadences journalières et le rendement, la récolte dure moins longtemps mais les conditions de travail des ouvriers sont plus dures car les arrêts du dimanche et jours fériés sont supprimés. En conséquence, l'extraction maximale de sucre dégrade les conditions de travail dans l'entreprise. Avec l'accroissement du rendement individuel, né de la division du travail, la protestation arrive dans l'entreprise *Beauport*. Si la gestion des parties agricole et industrielle se rationalise à *Beauport* c'est aussi parce que le développement du commerce a permis à l'entreprise de se constituer, dans l'île Grande-Terre, un patrimoine foncier de 12 561 hectares.[118] Compte tenu de la superficie du territoire de l'entreprise, elle ne peut échapper au contrôle et aux directives de l'Etat. Si la loi crée un cadre juridique pour mettre en œuvre, dans les années 60, une réforme foncière c'est parce que les enjeux politiques sont : la redistribution des terres agricoles, la valorisation du domaine boisé et la fin du monopole de *Beauport*. La loi de réforme foncière crée la *Société d'Aménagement Foncier et d'Etablissement Rural*[119] le 2 août 1961. Elle devient l'outil de mise en œuvre de la première réforme foncière.

L'alignement de la Guadeloupe sur la politique nationale d'aménagement du territoire ouvre la porte de *Beauport* à l'Etat. La première réforme foncière sera suivie d'une deuxième[120] dont l'objectif est de restructurer l'industrie du sucre et du rhum : *« La réforme foncière mise en place dès 1980 s'inscrivait dans le cadre de la restructuration de la filière canne-sucre-rhum avec pour objectif le maintien de la sole cannière et l'installation d'agriculteurs associés à des groupements fonciers agricoles (GFA) propriétaires du foncier... »*[121]. Désormais le lien est noué entre *Beauport* et l'Etat qui

---

118 Chiffre calculé par C. SCHNAKENBOURG en additionnant la superficie de chaque « habitation » entrée dans le domaine de *Beauport* entre 1880 et 1948, op.cit, p.115 et p.124-127.

119 SAFER.

120 En 1980.

121 Région Guadeloupe, « Le pays de l'Archipel, Schéma d'Aménagement Régional de la Guadeloupe », Région Guadeloupe, février 2000, p. 38.

définit la politique d'aménagement du territoire. Elle sera l'argument utilisé par l'Etat pour financer la redistribution des terres. La divergence d'intérêts n'empêche pas la mobilisation de tous les acteurs de la société civile républicaine pour obtenir les résultats attendus. A proximité du gros propriétaire foncier qu'est *Beauport* sont installés des agriculteurs associés qui bénéficient de crédits publics. Compte tenu de l'intérêt de l'Etat pour les terres à vocation agricole, les dirigeants de la Société Anonyme des Usines de Beauport (SAUB) demandent au géomètre J. Zénon et à l'architecte G. Corbin de réaliser, en décembre 1968, un *« relevé général des propriétés »* sur les trois communes du Nord Grande-Terre. Les deux spécialistes ont établi leur propre cadastre à partir de leur très bonne connaissance du terrain. Ce cadastre se divise en grandes sections : A, B… Chaque plan est numéroté : 1, 2, 3 … Des lettres indicatives : a, b, c, … permettent aussi la classification des données représentées. L'ensemble de ces symboles constitue la légende et la grille de lecture du « relevé général des propriétés ». Chaque propriété possède sa fiche et son relevé topographique au 1 : 5000. Le plan et le tableau ont été réduits de moitié. *Vermont* se trouve dans la commune de *Petit-Canal* (voir la carte du « système de la plantation industrielle » page 49). Si les dirigeants de l'entreprise s'intéressent tant à la terre c'est parce qu'elle donne la matière première mais aussi parce qu'ils améliorent sans cesse le « système de la plantation industrielle ». Dès la création de l'entreprise, l'organisation des activités économiques aboutit à une typologie des constructions, visible dans les archives de la Société Anonyme des Usines de Beauport (SAUB). La priorité est donnée aux fonctions industrielle, agricole et privée. Le critère pesant sur le nombre de pièces d'un logement, est celui du statut socioprofessionnel de son occupant. L'inspecteur dans sa maison dite principale dispose de huit pièces alors que le géreur ne dispose que de trois pièces. *« Les travailleurs »*[122] dans leurs cases disposent de vingt pièces mais ce chiffre jamais égalé pour toute autre construction indique bien qu'un seul et même corps de logis est occupé par plusieurs personnes. Plus le statut socioprofessionnel de l'occupant est élevé, plus le nombre d'extensions du logement attribué est important. Deux critères d'attribution sont cités dans les archives de correspondance de la Société Anonyme des Usines de Beauport (SAUB) : l'importance des familles (vraisemblablement il s'agit de

[122] Expression utilisée dans le document original pour désigner les ouvriers des champs.

l'importance numérique donc de la taille des familles) et la situation occupée qui correspond au statut de l'individu au sein de l'entreprise. La position dans l'échelle socioprofessionnelle détermine la surface habitable et caractérise le type de logement : maison principale, maison et dépendances, case. Les appellations utilisées pour désigner les différents types de constructions privatives à l'intérieur du territoire de l'entreprise *Beauport* soulignent la multiplicité des statuts. Si l'appellation d'une construction est liée au statut de son occupant, cette même construction remplit une fonction symbolique dans le territoire de l'entreprise. Toute construction est représentative de la puissance économique de l'entreprise, de la domination d'une catégorie de personnel de l'entreprise par une autre, de la prétendue supériorité d'une frange de la population par rapport à une autre. La construction privative se présente, avant tout, comme un élément de mise en scène de la position dans la structuration socioprofessionnelle. La case en planches et tôles évoluera vers la durcification[123] lorsque le niveau de vie de son occupant lui permettra de franchir cette étape dans l'auto production de son logement. Si le système de la plantation industrielle a le pouvoir de déplacer les individus associés aux activités de l'entreprise, ce type d'habitat populaire illustre la précarité de son occupant et le faible pouvoir d'achat qu'il possède. L'entreprise *Beauport* est née d'une initiative privée mais sa main-d'œuvre, servile ou non, a toujours été logée dans le périmètre de « l'habitation » ou de l'usine. Les archives de la Société Anonyme des Usines de Beauport (SAUB) révèlent le programme de constructions à mener en faveur du personnel. Les grandes lignes de ce programme de logements sont inscrites dans la *« correspondance active entre le siège social et l'usine »*[124]. Le terme programme semble ambitieux mais plusieurs lettres signalent des actions planifiées et menées par la direction dans le but de fixer la main-d'œuvre là où le système de la plantation industrielle la réclame. Le *« programme de constructions pour l'amélioration de l'habitat et des conditions d'existence de notre personnel »*[125] prévoit pour le « centre usinier de *Beauport* »[126] trois maisons doubles soit six logements pour le personnel ouvrier. Les dirigeants de l'entreprise *Beauport* précisent : *« Au fur et à mesure de*

---

[123] Processus d'extension de la case. Très visible dans la construction car il prolonge la surface habitable en utilisant comme matériau le béton au lieu du bois. Ce changement symbolise la hausse des revenus de l'occupant.
[124] Archives de la SAUB.
[125] Lettre du 21 avril 1948, adressée à Monsieur le préfet de la Guadeloupe et Dépendances.
[126] Idem.

nos possibilités nous développerons notre cité ouvrière en construisant des maisons ouvrières simples, dotées par groupe de 2 ou 3 d'une citerne à eau de pluie indispensable dans notre région mais inexistante actuellement »[127]. Le terme *« cité ouvrière »* rappelle le vocabulaire des industriels paternalistes qui, dans le nord de l'hexagone, développent un modèle d'habitat collectif pour les ouvriers des mines par exemple. A proximité de l'usine *Beauport*, la cité ouvrière désigne le groupe de logements individuels qui a pour objectif de loger, sur place, le personnel ouvrier. Le programme de constructions s'adresse à ceux que l'usine emploie de jour comme de nuit. Le système de la plantation industrielle est donc au service des besoins de production. L'usine rapproche géographiquement d'elle ceux dont la présence est indispensable pour son fonctionnement à plein régime. Ce faisant, les dirigeants utilisent leur pouvoir de décision pour transformer le parc de logements en fonction des statuts socioprofessionnels de ceux qui l'occupent. Afin de rénover le parc de logements, les dirigeants de la Société Anonyme des Usines de Beauport (SAUB) consultent leurs homologues au siège social à Bordeaux : *« Veuillez nous dire ce que nous devons faire au point de vue construction, entretien des bâtiments, des maisons d'habitations etc. Depuis votre départ nous avons arrêté presque tous les travaux : nous n'avons conservé que quelques charpentiers (nous avons mis le chef charpentier Doualot, au mois) et quelques maçons (...) Nous entreprendrons ensuite la construction de WC, les ouvriers ainsi n'auront plus d'occasion pour s'absenter... ».*[128]

Le système de la plantation industrielle établit la structuration socioprofessionnelle et maintient les privilèges d'une certaine catégorie de personnel par rapport à une autre. La discipline qui ne peut plus, dans la société coloniale post-esclavagiste, s'exprimer de manière physique ou à l'aide de statuts juridiques discriminatoires se fait de façon plus subtile grâce à l'agencement fonctionnel des bâtiments qui impose un rythme de travail, une assiduité aux postes de travail et du professionnalisme dans les tâches exécutées. Le pouvoir de l'entreprise se renforce avec sa capacité à disposer avec ordre les hommes et les activités. Le système de la plantation industrielle permet de lutter contre l'absentéisme, de même qu'il réduit les

[127] Idem.

[128] La Guadeloupe face à son patrimoine, Jean-Pierre GIORDANI, p.45

distances domicile / travail et augmente les possibilités de contrôle du personnel ouvrier. Ce sont là, les objectifs inavoués des actions à mener en faveur du personnel. Rien n'a vraiment changé depuis l'abolition puisque si « l'habitation » n'est pas rentable sans ses esclaves, l'usine ne l'est pas non plus sans ses ouvriers. Le témoignage d'Edmond-Villard confirme la mise en application des grandes lignes du rapport[129] : *« C'est lui qui m'a fait venir habiter à Beauport. C'était pour une raison bien simple. Un jour il devait démarrer l'usine le dimanche dans l'après-midi à quatre heures et il y a eu une panne et le chef mécanicien était malade. C'est lui qui était responsable et il était malade. Il y avait un second mais il y avait quelque chose qui n'allait pas du tout, on a perdu du temps. Alors il a demandé pour moi à monsieur Scherrer, à l'époque j'habitais Morne à l'Eau. Il est venu me chercher. Quand j'ai demandé au chef manutentionnaire pourquoi les rolls ne rentrent pas ? Il m'a dit qu'il ne voulait pas forcer. J'ai dit démonter moi ça, et j'ai arrangé ça. Quand je suis parti, il a donné l'ordre le lendemain de me faire loger à Beauport. Il m'a dit que si j'étais à Beauport, on aurait mis en route deux heures de temps plus tôt. (..) Pour moi c'était exceptionnel parce que les autres étaient déjà logés. C'est moi seul qui n'avais pas voulu rester à Beauport parce que l'on me faisait appeler trop. A l'époque quand je me suis marié, on m'avait envoyé directement à l'usine Courcelles de 1936 à 1939. Après la guerre, on m'a fait venir à Beauport. (...) Je travaillais à Beauport mais j'habitais à Morne à l'Eau chez moi. J'avais une petite maison. J'ai laissé ma maison pour venir. Même quand vous habitiez dehors si vous étiez employé, on vous donnait une petite allocation de logement. Il y avait un barème pour payer les contremaîtres pour l'allocation logement. Quand vous étiez logé là on ne vous payait pas d'allocation logement »*[130]. La panne de l'usine passe avant la vie familiale du salarié et ce, même un dimanche après-midi. Ses compétences exceptionnelles sont reconnues dans l'exercice de sa profession mais pas sur le papier. Lorsque le chef mécanicien est malade, on le fait appeler. Il remplace donc ce supérieur sans bénéficier des avantages liés à son poste. L'usine a tous les pouvoirs sur sa vie familiale qu'elle bouleverse lorsque l'ordre est donné de le loger à *Beauport*. La bonne marche de l'usine dicte la conduite des dirigeants et leur sert d'alibi pour organiser la vie des ouvriers. Si les compétences d'un ouvrier peuvent

[129] Voir pages 43 à 50 dans la thèse.
[130] Entretien avec monsieur Edmond-Villard, Port-Louis, septembre 2001.

entraîner son déménagement, elles ne peuvent pas lui accorder la promotion qu'il mérite. Sa montée dans la structuration socioprofessionnelle relève d'une décision de la direction. Le programme de constructions a aussi comme objectif, du point de vue de la direction, d'améliorer les conditions d'existence du personnel. Ce qui crée une ambiance à *Beauport* : *« A 1,5 kilomètres de Port-Louis, l'usine de Beauport, avec les bâtiments adjacents fait figure d'une petite cité, la seule véritable agglomération non rurale du Nord Grande-Terre... »*[131]. Cette description du chercheur[132] sur son terrain, montre que les dirigeants de *Beauport* logent tout près de l'usine le personnel d'encadrement. Les plus proches de la direction, bénéficient de conditions exceptionnelles. Ils vivent dans des villas modernes et confortables, disposent de voitures[133] et d'équipements de loisirs. Si pour les cadres, être logés à *Beauport* est un privilège qui offre des avantages ; pour les ouvriers c'est une obligation, vantée par le programme de constructions du patron. La référence aux « cases alignées dans les hameaux » rappelle que les ouvriers des champs ne logent pas à *Beauport*. Privés de privilèges particuliers et d'obligations professionnelles envers l'usine, ils sont dispersés dans le territoire. Leur lieu de travail change en fonction de leur progression dans les lisières des champs de cannes. Leurs conditions d'existence sont extrêmement dures et s'opposent au confort des cadres et des ouvriers concentrés autour de l'usine. En dépit de l'obtention de l'égalité juridique, les inégalités sociales perdurent. A quand l'égalité dans la société coloniale post-esclavagiste ? Lorsque les dirigeants de l'entreprise rapprochent certaines catégories de personnel de l'usine, c'est une illusion de proximité qui masque une vraie distance cachée dans les pratiques hiérarchiques. Si la montée dans la structuration socioprofessionnelle est refusée à certains, ce sont ceux-là mêmes qui, après la fermeture de l'usine, restent à *Beauport*. Car au moment de la cessation d'activité industrielle de l'entreprise, tous les dirigeants quittent *Beauport*. Edmond-Villard utilise une expression qui résume bien le sentiment d'abandon ressenti par le personnel resté sur place : *« Ils sont partis avec les papiers et ils nous ont laissé le squelette »*[134]. Avant de mettre cette décision à exécution, les dirigeants diversifient les activités de la Société Anonyme des Usines de Beauport

[131] C. A. MEDEIROS, op.cit, 1970, p. 97
[132] Ibidem.
[133] Soit personnelles ou de fonction.
[134] Ibidem, avril 2000.

(SAUB) en créant deux filiales : la Société d'Elevage de la Grande-Terre (SEGT) et la Société guadeloupéenne de panneaux agglomérés (SOPAG). L'entreprise *Beauport* se lance donc à la fois dans l'élevage et dans la construction de panneaux agglomérés. Ce faisant du personnel de direction est recruté en Hollande. Tous les risques pris n'empêchent pas l'entreprise de traverser une grave crise. La Société guadeloupéenne de panneaux agglomérés (SOPAG) arrête sa production en 1969 et la Société Anonyme des Usines de Beauport (SAUB) est mise sous administration judiciaire en 1970. Celle-ci est reprise par les Grands Moulins de Paris qui créent la Société Multinationale pour le Développement des Industries Alimentaires et Agricoles (SOMDIAA) en 1971. Les difficultés se multipliant : échec de toutes les filiales, mauvaise récolte et crise financière irréversible de la Société Anonyme des Usines de Beauport (SAUB). La Société Multinationale pour le Développement des Industries Alimentaires et Agricoles (SOMDIAA) prend une participation de blocage dans le capital de la Société Anonyme des Usines de Beauport (SAUB) et gère l'usine *Beauport*. Suite au dépôt de bilan de la Société Multinationale pour le Développement des Industries Alimentaires et Agricoles (SOMDIAA), le groupe Despointes décide de former la Société Anonyme de Beauport. Elle prend en location-gérance *Beauport* : *« La principale ressource de l'île provient du sucre. Pas un Guadeloupéen ne possède une usine à sucre... »*[135]. Les capitaux arrivent et repartent facilement parce que les producteurs locaux n'en possèdent pas. Où sont les investisseurs capables de servir la cause de la population locale ? Les départs successifs des capitaux métropolitains aboutissent à la privatisation étatique de l'entreprise. Chaque fois qu'il y a eu dépôt de bilan et qu'il n'y a pas eu de nouveaux investissements, le Crédit Foncier Colonial (CFC) s'est empressé de procéder à des expropriations. Par manque de capitaux, l'industrie sucrière passe aux mains de cet outil financier étatique qu'il serait plus juste de renommer « l'usine publique ». Le Nord Grande-Terre plaît au Conseil Général : « C'est seulement en Grande-Terre que le Conseil Général se préoccupa de l'accaparement des terres par les grands domaines sucriers. Dans cette île, il guette les occasions de

[135] H. BANGOU, Extraits d'articles, *Journal L'Etincelle* des 30 mars 6, 13, 20 et 27 avril 1974, Cité par JP. CHABERT et C.DEVERRE, *« la récolte de la canne à sucre en Guadeloupe logiques sociales et problèmes de mécanisation rapport d'enquête »*, INRA, juin 1985, annexe 3, p. 91.

favoriser les partages »[136]. La Société sucrière de Marie-Galante (SOSUMAG) dont le principal actionnaire est le Conseil Général exploite *Beauport SA* en 1982. Les ouvriers de l'entreprise *Beauport* à leur tour créent la Société Coopérative ouvrière de Production (SCOP) le 18 juillet 1984. Le Conseil Général se retire finalement des activités de *Beauport*, la Société Coopérative ouvrière de Production (SCOP) prenant la gestion[137] de l'usine. Le Conseil Général et le Syndicat à vocations multiples (SIVOM) Nord Grande-Terre font l'acquisition des terres du Faire Valoir Direct (FVD) de *Beauport*. L'actif industriel est cédé pour un franc symbolique à la Société Coopérative ouvrière de Production (SCOP). Le Conseil Général perpétue les inégalités puisqu'il fait l'acquisition des meilleures terres cultivables sans s'intéresser au sort de la coopérative ouvrière. Les ouvriers abusés s'organisent pour une éphémère exploitation de ce qui n'est plus que l'ombre du « système de la plantation industrielle ». La Société d'Intérêt Collectif Agricole et d'Exploitation du Nord Grande-Terre (SICADEG) gère les terres, les bâtiments et le matériel d'exploitation. Aux conséquences des choix politiques, s'ajoutent les dégâts causés par les forces de la nature. Le squelette de l'usine est mis à nu par le terrible cyclone Hugo qui frappa la totalité de l'archipel guadeloupéen. Après cette catastrophe naturelle, la toiture de l'usine est entièrement refaite : *« Beauport n'a rien, c'est une usine qui mange convenablement les cannes »*.[138] Mais il n'y a pas que les cannes et les décideurs politiques valident la mort industrielle et sociale de l'entreprise. Le tribunal de commerce de *Pointe-à-Pitre* prononce la liquidation de la Société Coopérative ouvrière de Production (SCOP) le 13 juillet 1990. Si le système de la plantation industrielle a ouvert l'île Grande-Terre à la mondialisation des échanges à partir de la production de sucre de canne, les difficultés du marché, le retrait et le manque de capitaux, la mauvaise gestion interne et les choix politiques contradictoires ont abouti à la fermeture de l'usine, 177 ans après sa création. Le personnel mobilisé à l'ouverture, abandonné à la fermeture est debout face aux murs. Le système de la plantation industrielle n'est pas une donnée naturelle, mais une organisation humaine à l'intérieur de laquelle le concept de jeu établit des limites, produit des inclusions et des exclusions. Rappelons que, par définition, tout « système d'action concret » est :

[136] G. LASSERRE, Ibid.
[137] Le 1er août 1985.
[138] Entretien avec Théodora, avril 2000.

« un ensemble humain structuré qui coordonne les actions de ses participants par des mécanismes de jeux relativement stables et qui maintient sa structure, c'est à dire la stabilité de ses jeux et les rapports entre ceux-ci par des mécanismes de régulation qui constituent d'autres jeux »[139]. Puisque l'analyse des cartes révèle le système d'ouverture de l'île Grande-Terre à la mondialisation des échanges à partir de la production de sucre de canne, et que la politique d'aménagement territorial aboutit à la fermeture de l'usine et que l'entreprise fut mise en liquidation judiciaire, il est temps de revisiter le terrain.

2.3 Le terrain revisité

FIGURE 3. RETOUR AU PAYS DE LA CANNE

Source : Photo de Fabrice GAUTHIEROT, 26 mai 2005.

Dès la préparation du Diplôme d'Etudes Approfondies[140], *Beauport* est perçue comme un chantier qui se prolonge au fur et à mesure de la multiplication des expériences. Suite au vote de la loi du 19 mars 1946, la Guadeloupe devient un Département français d'Outre-Mer[141]. L'Etat fait plus ample connaissance avec ce nouveau département qui a la particularité d'être à la fois un archipel et une région monodépartementale. L'Institut Géographique National[142] effectue sa première mission à la Guadeloupe en février 1947. La comparaison des premières photos avec celles de la mission de 1989, réalisées juste après le passage du cyclone Hugo, est un choc. Les clichés de l'après Hugo offrent une vision apocalyptique du site. Vision fidèle à l'état du terrain découvert en 1998[143]. Les photos révèlent ce que les cartes ne représentent pas : le résultat du déchaînement des forces de la nature dans l'île. *Beauport* est photographiée dans un chaos naturel pendant le fiasco politique et économique. Le *« squelette laissé »*[144] est pourtant encore debout. *Beauport* est-elle indestructible ? Le premier symbole de l'organisation des activités économiques, encore visible, est le moulin : *« Le moulin est l'élément fondamental, et pour ainsi dire fondateur de toute habitation, puisqu'il abrite le mécanisme de broyage de la canne. Son apparition dans le paysage antillais suit de peu les débuts de la colonisation. Il n'est pas rare que les habitations-sucreries se soient dotées de deux moulins, chacun lié à une source d'énergie particulière (...) »*[145]. La permanence des moulins dans le paysage[146] montre que la culture de la canne et sa transformation en sucre ont été la raison même de la politique d'aménagement territorial. Tous les types de moulins[147] sont présents dans l'île Grande-Terre et

---

140 DEA, « La hiérarchie sociale dans le patrimoine urbain de la Guadeloupe », Université de Paris 7 Denis-Diderot, UFR Géographie Histoire Sciences de la Société, juin 1998, 137 pages.

141 Département français d'Outre-Mer, 19 mars 1946.

142 IGN.

143 Même si dans les zones tropicales la nature reprend vite ses droits et qu'elle envahit l'espace abandonné par les hommes.

144 Extrait de l'entretien avec Edmond-Villard, 1998.

145 Historial Antillais, p. 14-15.

146 *« Le paysage est le miroir des relations, anciennes et actuelles de l'homme avec la nature qui l'environne, la plaque photographique sur laquelle il a laissé une trace plus ou moins précise et profonde, avec tous les phénomènes possibles de surimpression. Il en résulte que le paysage à une histoire à raconter »*, B. LIZET et F de. RAVIGNAN, *Comprendre un paysage*, INRA.

147 A eau, à vent, à bêtes.

leur emplacement indique les anciennes sucreries[148]. Certains moulins ont fait l'objet d'une restauration. Tel que le moulin de *Godet*[149] à Petit-Canal qui embellit le site de l'Institut National de la Recherche Agronomique (INRA).

FIGURE N°4. LE MOULIN DE *GODET*, VU DE FACE

Source : Photo de Murielle GAUTHIEROT, avril 2000.

Un autre exemple de moulin, réhabilité en lieu de culte existe dans le périmètre du territoire de l'entreprise *Beauport*. La population locale vient y prier et demander des grâces à la vierge Notre Dame de la Piéta. La chapelle peinte en bleu et blanc rappelle à la fois les couleurs des attributs de la Vierge Marie[150] et le bleu indigo des cases où exerce le plus souvent le *gadèt-zafè*[151]. Deux espaces de travail rudimentaires permettent d'effectuer les rites magiques. Des objets[152] accrochés aux murs, jetés dans les poubelles ou abandonnés sur place, témoignent de l'usage du lieu. Si la réhabilitation des moulins assure leur conservation dans le patrimoine, leur usage diffère de leur fonction initiale à savoir, la transformation de la canne en sucre. L'aménagement de « l'habitation-sucrerie » en usine et la mise en

148 Voir carte du système de la plantation industrielle pour visualiser la répartition des moulins dans l'île Grande-Terre.

149 A Petit-Canal.

150 Robe blanche, ceinturon bleu et chapelet.

151 Expression créole qui désigne celui qui regarde les affaires de la famille c'est-à-dire le voyant.

152 Balai en feuilles séchées, icônes religieuses.

place du système de la plantation industrielle ne détruisent pas les moulins. La multiplication des expériences spatiales leur fait perdre leur fonction économique mais ils traversent les siècles à leur emplacement d'origine. Preuve que l'aménagement territorial marque durablement l'intérieur des îles. Si les dirigeants de l'entreprise *Beauport* logent leur personnel et améliorent leurs conditions d'existence, ce même personnel prend en charge ses besoins et ses pratiques religieuses qui accompagnent son parcours dans la structuration socioprofessionnelle. La confusion entre lieu de travail et lieu de vie favorise l'interaction entre vie professionnelle et vie spirituelle. Les temples hindous rappellent la présence des Indiens et leur recrutement par l'entreprise *Beauport*. Si le projet de l'entreprise mobilise, sous la contrainte, les Africains, après l'abolition de l'esclavage, les Indiens sont engagés sous contrat par l'entreprise : *« On appelle z'indiens en Guadeloupe, les descendants des coolies venus de l'Inde entre 1854 et 1885, et qui se sont fixés dans l'île, une fois terminé le contrat d'engagement de travail de cinq ans les liant aux Habitants qui avaient payé leur frais de traversée. (...) Premier convoi débarqué à Pointe à Pitre le 24 décembre 1854 (344 indiens) »*[153]. Les temples sont facilement repérables en raison des drapeaux qui les ornent, de leurs couleurs chatoyantes et de leur mât religieux. Ce sont des petites constructions en béton avec deux bâtiments annexes. Les pratiquants les investissent lors de cérémonies sacrificielles. Là où vivent les Indiens, s'établissent les symboles de leur pratique religieuse. Guy Lasserre affirme, dans sa thèse, que « la carte de la répartition des Indiens pourrait pratiquement être calquée sur celle des « habitations-sucreries » et usines centrales puisqu'ils sont là où le système de la plantation industrielle a besoin de leurs bras.

En parcourant le terrain, les symboles du commerce et du capitalisme sont visibles parce qu'ils sont laissés côte à côte dans la totalité de l'île. Si les ruptures se produisent le plus souvent dans le changement de mode de production du sucre, elles renforcent néanmoins la cohérence du système de la plantation industrielle qui repose sur la monoculture. Si le moulin déclenche l'aménagement territorial en « habitation-sucrerie », l'ancien port d'embarquement du sucre[154] est

---

[153] G. LASSERRE, Ibid, 1961, p. 132.
[154] Signalé dans la carte du « système de la plantation industrielle », page 51 dans la thèse.

un relais entre l'entreprise et l'extérieur. Le port provoque une « rupture de charge »[155] dans le fonctionnement du système qui prouve que le sucre est attendu, vendu et consommé ailleurs. Si le destin du sucre s'écrit dans d'autres lieux, c'est parce que *Beauport* ouvre l'île Grande-Terre à la mondialisation des échanges à partir de la production de sucre. La vérification de cette hypothèse centrale arrive au moment où le système atteint ses limites. L'expédition du sucre par voie maritime est une rupture nécessaire au franchissement d'une autre étape dans la marche capitaliste du monde : la commercialisation. Etape toujours refusée à la Guadeloupe car les raffineries sont de l'autre côté de l'océan Atlantique. L'usine est le cœur du système de la plantation industrielle c'est-à-dire le lieu où convergent toutes les cannes et le lieu de départ du sucre. Si les bâtiments industriels renforcent la cohérence du système de la plantation industrielle, les « anciens de Beauport » livrent des informations plus subtiles concernant l'arrivée des membres de l'entreprise et leurs conditions de travail. Chaque ouvrier de l'usine réalise sa première montée dans la structuration socioprofessionnelle. En quittant les tâches agricoles, il fait partie du personnel qualifié qui exécute des tâches industrielles et qui bénéficie de congés. D'après le témoignage des « anciens de *Beauport* », le rapport à l'usine peut être qualifié de *« rapport humain très affectif »*. Ils parlent de l'usine à la troisième personne du singulier. Dans leur discours, elle renaît. Ils la rendent vivante et décrivent son agonie comme s'il s'agit d'un de leur proche qui a rendu l'âme ou plutôt que l'on a tué. Leurs mots font de l'usine un être vivant, une personne à part entière : *« Beauport n'est pas en panne. On était d'accord pour ouvrir Beauport. C'est seulement Hugo qui l'a chiffonnée un peu et elle s'est découverte. Mais on l'a recouverte tout de suite. Mais les machines, le moteur tout ça, il n'y a rien en panne. C'est fermé volontairement (...) Oui même en un mois, on l'arrange, on fait l'entretien. Elle peut repartir. Et ça prend beaucoup de cannes. C'est une bonne usine. Il n'y a aucune usine en Guadeloupe qui peut prendre tout ça de cannes. Même Gardel qui marche, Gardel c'est un petit passage. Marie-Galante encore plus mauvais. Elles ne prennent pas beaucoup de cannes. Mais les deux machines de Beauport, c'est costaud»*[156].

---

[155] Voir définition page 51 dans la thèse.
[156] Entretien avec madame Guimba Théodora, Port-Louis, février 1998.

Murielle : Que représente la canne pour vous ?

« La canne représente jusqu'à maintenant une souffrance qui ne sortira jamais dans mon corps. On a détruit la meilleure usine. La meilleure usine de la Guadeloupe c'était Beauport. C'est un bassin cannier important. Je vous dis très sincèrement Darboussier en capacité d'usine était beaucoup plus grande au niveau du broyage mais au niveau du rendement, Beauport était plus grande. On n'avait pas beaucoup de gaspillage ici, on avait des ouvriers conscients qui faisaient leur travail. Alors ça représente toujours une sorte de malaise quand je pense à Beauport. Quand je vois tous les jours les toitures que j'ai moi-même montées puisque le grand bâtiment que vous voyez là, moins trente mètres, c'est moi qui l'ai fait. Toutes les tôles, les toitures que vous voyez là c'est moi qui les ai faites. Alors cela me fait quelque chose, cela me choque au cœur. Parce que ce serait tout mon plaisir de voir que oui j'ai bien travaillé pour rien mais qu'en contrepartie, il y a mes petits frères, petits cousins, amis qui gagnent leur vie dedans. Tout le monde souffre. Ce n'est pas du sérieux, ce n'est pas du sérieux ça. Par contre on aurait pu faire mieux que cela. On aurait pu faire mieux avec cette usine. Maintenant on peut toujours la reprendre mais avec beaucoup d'argent. L'essentiel est là. Pour l'usine Beauport l'essentiel est là. L'essentiel, toute la face de l'usine est debout. Le point essentiel qui existe pour nous dans ce périmètre c'est l'eau. Le point d'eau est là. Il ne s'agit pas de construire l'usine mais il faut avoir de l'eau. Le point d'eau est dans l'usine. C'est cela qui nous manquait. Maintenant, nous avons un point d'eau qui se gaspille à Gaschet. On aurait pu prendre cette eau là pour faire un arrosage pendant la récolte. Deux ou trois mois de récolte et c'était fini. Mais le rendement était toujours là. Les bons ouvriers, les bons planteurs étaient toujours là. Alors moi cela me rend malade quand je vois cela (...) Moi je suis pour l'usine Beauport. C'est ma vie. C'est ma vie. J'ai tout appris à l'usine Beauport. J'ai vécu plus de temps à l'usine Beauport que j'aurai à vivre. Pour séparer la moitié, il m'aurait fallu vivre cent ans (rires). Il aurait fallu que je vive cent ans pour partager ma vie avec Beauport. Alors qu'est-ce qui peut me faire penser autrement ? Toute ma vie c'est Beauport. Tout ce que j'ai acheté, tout ce que j'ai mangé jusqu'à aujourd'hui c'est Beauport. C'est Beauport. J'ai commencé à travailler, je n'avais pas

17 ans et je suis sorti à 65 ans. Alors comment voulez-vous que je pense autrement ? »[157].

Edmond Villard témoigne de sa fidélité envers l'usine. Il y a passé la plus grande partie de sa vie. Cet employé dévoué à l'entreprise *Beauport* établit un parallèle entre sa souffrance et l'état dans lequel se trouve l'usine *Beauport*. L'usine apparaît comme un prolongement de son propre corps physique. Pour cette raison, il confie avoir choisi l'emplacement de sa maison individuelle en face de *Beauport*. On comprend mieux sa tristesse et son désarroi après la fermeture définitive de l'usine : *« Je voulais la voir fumer. J'aimais la voir fumer. J'aimais recevoir sa poussière ! Cela ne me dérangeait pas du tout ! »* [158]. *« Depuis que l'usine est fermée, c'est la vie des gens qui est fermée »*[159]. La fermeture de l'usine résulte de l'échec de l'application de la stratégie capitaliste sans pouvoir de commercialisation. Les conséquences se mesurent dans la vie de la population locale. Le départ des capitaux laisse cette dernière dans le besoin. Théodora au cours d'un entretien explique comment elle a vécu la fermeture de l'usine : *« Je peux dire franchement, la fermeture de l'usine, ce sont des complots qui ont fait ça. L'Etat savait que s'il fermait l'usine qu'il y aurait la misère aujourd'hui. Et il y aura encore de la misère aujourd'hui. Parce que même les Syriens, les Libanais qui ont des magasins, ils attendaient l'ouverture de la récolte des Antillais parce que c'est à ce moment-là qu'il y a un peu d'argent. C'est l'ouverture de la récolte qui donne du travail aux agriculteurs. Maintenant, il n'y a pas de travail. On coupe les cannes maintenant sur convocation »*.

Murielle : « C'est-à-dire ? »

Théodora : *« C'est-à-dire que l'on prend peut être 10, 20 personnes. On leur fait faire 3 jours, 4 jours et on les arrête. Et c'est la machine qui fait le reste. Vous vous rendez compte ? Et c'est ça qui crée de la misère en Guadeloupe, c'est la fermeture des usines. On a commencé à fermer les petites distilleries et puis on a fermé Pointe à Pitre. Quand on a fermé Pointe à Pitre, on a fermé Grosse Montagne. On a fermé Blanchet. Et la personne qui a fermé Beauport c'est monsieur*

[157] Entretien avec monsieur Edmond-Villard Jalème, Port-Louis, septembre 2001.
[158] Idem.
[159] Idem.

Barfleur. C'est celui qui est maire maintenant. C'est lui qui a fermé la Grande-Terre. Il avait été élu conseiller général de celui qui était maire. Puisque c'est lui qui a été élu conseiller général, on l'attendait en Grande-Terre et quand il est venu, il a posé des questions. Il a dit que l'usine est déjà fermée et bien fermée »[160]. Théodora est en colère parce que la fermeture de l'usine laisse les plus défavorisés dans la misère. Elle désigne franchement les élus et l'Etat comme coupables. Elle ressent de la nostalgie pour l'ouverture de la récolte qui était une période de manne financière et de forte consommation. Elle rappelle comment la machine a remplacé les tâches du coupeur de cannes. Comme Edmond Villard, elle parle de manière très affectueuse de l'usine *Beauport* : *« Le cyclone Hugo a chiffonné sa poupée »*. En conclusion, *Beauport* est un exemple d'application aboutie du « système de la plantation industrielle ». A *Beauport*, ce système atteint, avec l'appui des capitaux métropolitains, les objectifs de la production de masse : monoculture, industrialisation, concentration, enrichissement, mobilisation et recrutement d'une main-d'œuvre importante. Le succès est total puisque *Beauport* élimine tous ses concurrents dans l'île Grande-Terre. La domination sur le territoire masque cependant les premières difficultés[161] de *Beauport*. La famille Souques marque définitivement l'entreprise, parce qu'Aman est déterminé à devenir patron. Ce qui se passe ailleurs qu'à *Beauport* le séduit et l'amène à définir méthodiquement son propre projet. Il prépare les secteurs agricole, économique et politique à l'aménagement de *Beauport* en entreprise industrielle. Il profite du choix politique d'ouverture de la colonie au commerce avec l'étranger pour créer son usine. Le versement de salaires dès 1848 aux nouveaux libres fait qu'il limite les risques de perte de sa main-d'œuvre. Il peut donc en faire très rapidement des ouvriers. Si le système de la plantation industrielle impose la division du travail à *Beauport*, il réclame aussi l'accroissement du rendement individuel. Ce qui a pour conséquence de réorganiser le travail de même que la vie des membres du personnel. La production de masse sans capitaux et sans pouvoir de décision sur la stratégie commerciale plonge l'industrie du sucre de canne dans une grosse crise à la Guadeloupe. L'organisation du travail commence à creuser les inégalités sociales. L'égalité juridique acquise en 1848 n'empêche pas la naissance de nouveaux

[160] Entretien avec madame Théodora Guimba, Port-Louis, février 1998.
[161] Endettement, manque de capitaux, sous utilisation de la capacité de broyage, mauvaise gestion financière.

conflits entre patron et salariés. Si la décision politique de fermeture de l'usine « enterre » le sucre, la solidarité des ouvriers et des planteurs associés sauve la canne à sucre[162] jusqu'à ce que la liquidation judiciaire exclue *Beauport* de l'industrie du sucre à la Guadeloupe. Si l'entreprise échappe au secteur économique qui l'a façonnée pendant des siècles, elle retient par contre l'attention des collectivités locales et institutions européennes devenues agents de tourisme. La *« Liaison Entre Actions de Développement de l'économie Rurale »*[163] fournit alors l'argument central de la nouvelle politique d'aménagement territorial pour la réhabilitation de *Beauport* en parcours touristique et scientifique.

---

162 Broyée à l'usine *Gardel* au *Moule*.

163 LEADER, programme européen conduit sous sa version I de (1991-1994).

CHAPITRE 3
Le « Pays de la Canne » ou la nouvelle politique d'aménagement territorial

Les pouvoirs publics cautionnent le retrait des capitaux et la récupération des terres par les collectivités territoriales parce que l'avenir de l'industrie du sucre à la Guadeloupe est incertain. Afin de sortir *Beauport* de l'oubli, l'Europe propose de transférer une expérience déjà tentée dans plusieurs zones rurales des pays membres de l'Union Européenne. Le choix de *Beauport* pour révéler la diversité du modèle rural européen au monde se confirme.

3.1 La fin de *Beauport* : lieu de production du sucre de canne non raffiné

Le sucre de canne à la Guadeloupe est le plus cher du monde. La concurrence étrangère a donc été fatale à *Beauport.* Si la France protège le marché guadeloupéen, elle ne peut pas maintenir cette attitude dans une logique d'ouverture à la mondialisation du commerce. En devenant membre de l'Union Européenne, les privilèges sont difficiles à conserver. Au moment de l'harmonisation européenne, la spécificité française devient un handicap contre lequel les partenaires sont intolérants. Les nouveaux enjeux mettent à l'honneur la nécessaire « exception culturelle française » de même que la diversité régionale. Ce faisant, ce qui constituait un atout devient un frein. « *Les Usines plus importantes raisonnaient ainsi : pourquoi améliorer notre production lorsque les rendements inférieurs et les prix de revient élevés des petites Usines ont toujours servi de bases à l'administration pour la fixation des salaires, du prix de la canne et du cours des produits à la consommation locale ? Ceux qui travaillent plus mal que nous ne nous laissent-ils pas le temps de penser à l'avenir ? Tel était l'état d'esprit de la plupart des Sucreries et Distilleries guadeloupéennes dans les années de facilités d'avant-guerre...* ».[164] La situation coloniale a toujours fragilisé l'industrie du sucre puisqu'elle l'a rendue dépendante d'un seul et même consommateur : la métropole. C'est peut-être ce qui a inspiré une analyse de *« l'étrangeté »* du système de la plantation industrielle au géographe Pierre Gourou : *« Par son étrangeté vis à vis du cadre géographique, la plantation est (ou était) étrange par les plantes*

[164] Rapport, Idem.

cultivées, souvent apportées d'autres continents. La plantation est étrange par l'économie qui la crée : dans des surfaces inexploitées ou vouées à une agriculture de subsistance, la plantation entreprise étrangère, répond à la demande que fait un acheteur lointain d'une denrée qu'il ne peut produire... ».[165] *Beauport* est une entreprise exemplaire, originale et complexe qui appartient au patrimoine de la Guadeloupe. Si cette entreprise ouvre l'île Grande-Terre à la mondialisation des échanges à partir de la production de sucre, le recrutement de son personnel en Afrique, en France, et en Inde participe à l'ouverture culturelle de la Guadeloupe sur le monde. Ces arguments fondent la nouvelle politique d'aménagement territorial mise en œuvre par l'Union Européenne et ses partenaires.

3.2 Le renouveau de *Beauport* : Centre de Culture Scientifique Technique et Industriel

Depuis la fermeture de l'usine, des panneaux d'affichage public annoncent les projets des promoteurs immobiliers et des collectivités locales.

FIGURE N°5. ***« A VENDRE CENTRE COMMERCIAL LE BEAUPORT »***

Source : Photo de Murielle GAUTHIEROT, septembre 2001.

[165] P. GOUROU, 1966, p. 187.

FIGURE N°6. ***« PLAN DU LOTISSEMENT S.C.I LALANNE BEAUPORT »***

Source : Photo de Murielle GAUTHIEROT, septembre 2001.

FIGURE N°7. L'OFFICE NATIONAL DES FORETS EN MOUVEMENT A *BEAUPORT*

Source : Photo de Murielle GAUTHIEROT, septembre 2001.

Ce qui lie *Beauport* au modèle rural européen c'est le statut géopolitique de la Guadeloupe : seule région monodépartementale de France. Ce faisant, *Beauport* a été une fenêtre de l'Europe ouverte sur le monde. Les régions d'Outre-Mer ont un rôle de représentants de la diversité de l'Europe rurale. Le groupe de travail sur le terrain local, le cadre institutionnel européen, et les lois Pasqua[166] et Voynet[167] (sur la politique de Pays et sur l'Orientation sur l'Aménagement et le Développement Durable du Territoire) organisent l'exécution du programme. La promotion du modèle de développement rural européen se veut en phase avec une certaine conception du monde : *« La reconnaissance politique au plus haut niveau de la nécessité de préserver ce modèle agricole et rural européen est sincère. Elle fait écho aux préoccupations de notre société, à l'évolution socio-économique d'un monde de plus en plus marqué par la mondialisation des échanges, un monde où la recherche et l'affirmation identitaires sont peut-être d'autant plus fortes que nos sociétés sont de plus en plus tiraillées entre l'international et le local »*[168]. *Beauport*, est propulsée sur la scène internationale par les concepteurs de la Politique Agricole Commune (PAC). L'entreprise est obligée de défendre les valeurs de ses pairs puisque les Etats les plus puissants du continent européen se sont enrichis grâce à l'appropriation coloniale des îles. Dans le cadre du programme LEADER II, un projet d'élaboration d'une charte du territoire et de mise en place d'un forum de discussion avec les populations donne des résultats. *« L'objectif de la mise en œuvre de cette démarche était double. Aller au-delà de LEADER (...), permettre à la population des trois communes concernées d'être actrice de son développement en mettant en place des dispositifs de consultation, des lieux d'échanges et de discussion, en créant une passerelle avec les élus »*[169]. La participation de la population et les groupes de travail constitués ont permis de valider les projets présentés. Le programme général a retenu trois approches : « Une approche globale : le sucre dans le monde (une histoire économique et technique), une approche régionale : le sucre et la Guadeloupe (des systèmes techniques, des systèmes sociaux, l'organisation du travail), une lecture à l'échelle 1 : le sucre à

---

[166] 04 février 1995.

[167] 25 juin 1999.

[168] Doriane GIVORD, « LEADER II Magazine, Le modèle rural européen », Ibid, 2000-2001, p. 10.

[169] Doriane GIVORD, « LEADER II Magazine, Le modèle rural européen », Ibid, 2000-2001, p.12.

Beauport (un process, des savoir-faire, des mentalités, des souvenirs)[170]. Trois outils servent de supports pour les trois approches. Un film, pour le sucre dans le monde. Une exposition, pour le sucre à la Guadeloupe. Un parcours, pour le sucre à *Beauport.* Le plan du « Pays de la canne » révèle les aménagements prévus à *Beauport* dans le cadre de la préfiguration et dans le cadre du programme général.

FIGURE N°8. DEVANT LE SQUELETTE, LA VALORISATION TOURISTIQUE

Source : Photo de Murielle GAUTHIEROT, août 2003.

---

170 Ibidem.

La création d'un chemin de fer touristique nécessite une mission d'expertise qui aboutit à la signature d'une convention avec la SNCF le 21 janvier 2000[171]. « *En juin 1998 à la demande du président du Conseil Général de la Guadeloupe, Marcellin Lubeth, le président de la SNCF, Louis Gallois, a donné son accord pour la réalisation d'une mission d'expertise de l'ancien réseau sucrier. Cette mission a été confiée à André Blanc, Directeur Honoraire de la SNCF et administrateur de la AHICF (Association pour l'Histoire des Chemins de Fer en France) et à Jean Paul Balensi, Ingénieur ferroviaire exerçant la fonction de Chef de Projet SYSTRA, bon connaisseur des chemins de fer touristiques* »[172]. Comme par le passé, les acteurs économiques de la Gironde se mobilisent pour *Beauport*. L'adaptation d'une rame de draisines utilisée à Guître-Marcennais est étudiée pour son transfert à *Beauport.* Les couleurs de l'Europe décorent le train. Ce moyen judicieux permet de laisser l'empreinte de l'extérieur et d'indiquer la provenance des capitaux. « *Vendredi, 9 H 38. Le petit train avec ses wagons jaunes et bleus quitte l'usine de Beauport avec à son bord de nombreuses personnalités, dont Jacques Gillot, président du conseil général. Ces passagers, très heureux d'avoir trouvé le bon prétexte pour quitter leur bureau, veulent s'offrir une ballade dans la campagne canalienne et porlouisienne. Leur point de chute ? La forêt de Poyen...* »[173]. Le 3 janvier 2003, « le département a réceptionné au port de Jarry un locotracteur et trois baladeuses neufs d'une capacité de 120 passagers »[174]. Les matériaux sont là, la réhabilitation de la voie ferrée suit son cours, les étapes à venir livreront la partie réhabilitée de l'entreprise *Beauport* à ses visiteurs. Pour que les parcelles s'aménagent en « habitations-sucreries », il faut un fait historique (la découverte de cette partie du monde appelée : la Caraïbe) et des catastrophes (l'exil des Caraïbes, la déportation des Africains). Pour que les « habitations-sucreries » s'aménagent en usines, il faut un fait historique (la découverte du sucre de betterave) et une catastrophe naturelle (le tremblement de terre en 1843). Pour que l'entreprise *Beauport* mette en place le système de la plantation industrielle il a fallu une révolution sociale (l'abolition de l'esclavage), une décision politique (la suppression de l'Exclusif par Napoléon III en 1861), un fait

171 Avenant signé par la suite le 22 septembre 2000.

172 P. MIRVILLE et J-P BOULET, « Chemin de fer touristique du Pays de la Canne », Signature d'une convention de partenariat entre la SNCF et le Conseil Général de la Guadeloupe, 22 septembre 2000, p.3.

173 A. FABRICE, *Idem*, lundi 08 juillet 2002, p. 5.

174 *France-Antilles* du jeudi 06 mars 2003, p. 7.

économique (l'ouverture du commerce avec l'étranger) et un nouvel apport de population (engagement des Indiens sous contrat). Pour fermer l'entreprise *Beauport* il faut une succession de catastrophes diverses (retraits des capitaux, privatisation étatique, cyclone Hugo). Ce tourbillon de faits historiques et de catastrophes façonne l'entreprise *Beauport* jusqu'à ce qu'elle échappe à l'industrie qui l'a créée. Si l'entreprise *Beauport* est reliée à l'industrie du tourisme, c'est pour mieux entrer dans l'observatoire européen. Ce faisant, les institutions européennes reconnaissent son exemplarité, son originalité et sa complexité. Elle devient le résultat d'une expérience exceptionnelle à présenter à la population locale (familles, scolaires, universitaires, chercheurs, jeunes agriculteurs), aux touristes (*« domiens de métropole »*[175], métropolitains, étrangers) et aux internautes. Le point positif du programme européen c'est qu'il implique la participation active des élus et de la population locale. Le programme précise que la promotion du Pays de la Canne dans les lycées agricoles et les laboratoires de recherche en agronomie tropicale doit permettre de recruter les futurs animateurs sur le terrain. Comme le conseillait déjà Jean-Pierre GIORDANI, l'Europe met *« La Guadeloupe face à son patrimoine »*[176]. La question fondamentale du rapport entre une île, ses richesses et ses occupants s'adresse à tous. La valorisation du patrimoine est au centre des nouveaux enjeux. *« Car au-delà de sa fonction première d'être le vecteur de la mémoire du passé, le patrimoine historique, espace de notre enracinement, est par-dessus tout un appel à poursuivre l'œuvre de création et d'invention de nos espaces de vie. C'est pourquoi, on doit y prêter, la plus grande attention ».*[177]

Quel est le but de la nouvelle politique d'aménagement territorial?

En conclusion de la première partie, nous pouvons affirmer que le système de la plantation industrielle organise un rapport optimal entre les acteurs en mouvement et les ressources naturelles d'un territoire. Cette dynamique transforme le cadre de vie des migrants volontaires

---

175 « Le Pays de la canne, Première tranche des travaux, Programme général » Cité des Sciences et de l'industrie, Direction de l'Action Régionale, Département Etudes et Conseils, Novembre 2000, p. 53.

176 Titre principal de l'ouvrage. J-P. GIORDANI, *La Guadeloupe face à son patrimoine. Itinéraires et modalités d'une reconnaissance et d'une revalorisation*, Paris, Karthala, 1996, 260 p.

177 Ibidem, p. 234.

d'Europe, des migrants déportés d'Afrique, des moun ici et des migrants engagés d'Inde sous contrat et la production de sucre de canne relient les producteurs, les vendeurs et les consommateurs situés de part et d'autre de l'océan Atlantique. *Plus les ventres de la métropole réclament du sucre, plus les terres de la colonie sont plantées en cannes, plus la vie de la main-d'œuvre est mangée par le système, le soleil et la pluie.* Théodora évoque ainsi la dureté des métiers agricoles car, *« dans l'agriculture ton repas quotidien c'est le soleil et la pluie »*[178].La nouvelle politique d'aménagement territorial est porteuse de liens entre les hommes parce qu'elle crée les conditions favorables à l'interaction économique. Ainsi, la demande de l'Europe et l'offre d'une île placée au centre des échanges transatlantiques créent de la richesse. La diffusion de la modernité nécessite une zone géographique d'expansion, un projet politique et un cadre juridique propre à l'extraction des richesses du territoire. Le résultat attendu est l'ouverture du monde aux valeurs européennes : *« La mondialisation c'est-à-dire le quadrillage de la terre de liens de toutes sortes, ne se sépare pas de la diffusion planétaire des références européennes »*[179]. L'exemple de *Beauport* apporte la preuve que le « balan » de la mondialisation affecte la disposition des parcelles dans l'île Grande-Terre de même que la vie des populations placées sous la contrainte dans des rapports d'exploitation, de domination et de ségrégation durables. Cette œuvre collective échappe aux actes, inscrits le plus souvent, dans un dépassement du résultat attendu. Le prix de l'expérimentation s'affiche dans l'héritage culturel de chaque participant. L'aménagement territorial est le prélude à la transformation sociale parce que la vie à l'étroit incite au rapprochement physique et culturel entre personnes venues d'ailleurs. La construction de nouvelles identités se fait là où se produit le choc de la rencontre avec l'Autre.

L'exercice des pouvoirs démarre dans la violence et la transformation sociale va creuser les inégalités. Ce faisant l'entreprise *Beauport* passe de la stratification sociale stigmatisée à la structuration socioprofessionnelle. Cette nouvelle hypothèse va nous permettre de découvrir quel indicateur remplace le préjugé de couleur et d'analyser la mise en mouvement des acteurs.

---

[178] Phrase traduite du créole. Entretien avec madame Théodora Guimba, Port-Louis, septembre 2001.

[179] PH. MOREAU DEFARGES, *La mondialisation*, Presses Universitaires de France, 1998, p. 12.

Deuxième partie

DES ACTEURS EN MOUVEMENTS

De la stratification sociale stigmatisée à la structuration socioprofessionnelle

CHAPITRE 4
La création d'un nouveau type de société

La conquête militaire de la Guadeloupe démarre avec sa découverte par les Européens. L'appropriation coloniale de cette île se réalise par la violence. Caraïbes et Européens se disputent le droit à l'occupation du territoire. La lutte aboutit au repli des Caraïbes, à la confiscation de leur île et à la destruction de la société caraïbe pour la fondation de la société coloniale, esclavagiste et ségrégationniste.

4.1 La destruction de la société caraïbe

Les portraits physiques dressés par les missionnaires désignent clairement sous le terme « Caraïbes », le peuple de la partie du monde qui baigne dans la Mer des Caraïbes. L'utilisation à tort de ce terme, le plus souvent dans la presse et dans les travaux de recherche, pour désigner l'aire culturelle maintient la confusion entre la région caraïbe et ses premiers occupants. La carte[180] révèle la route migratoire qui a conduit les Caraïbes du continent américain vers les îles. L'expression *«Caribbean Sea »* c'est-à-dire « Mer des Caraïbes »[181] rappelle la traversée effectuée. Si ce peuple possède un nom et un territoire cela ne suffit pas à faire de lui une société c'est-à-dire par définition : *« Un arrangement d'ensemble, une combinatoire de plusieurs éléments (individus ou groupe par exemple) dans la mesure où cet arrangement et cette combinatoire constituent eux-mêmes une unité identifiable possédant des caractères propres, autres que la somme des caractères de ses éléments constituants »*[182]. Les lieux conservent la mémoire des Caraïbes qui parlent une langue[183], donnent un nom caraïbe[184] aux îles Grande-Terre et Basse-Terre et pratiquent une religion. La vie s'organise dans les villages où sont pratiquées la pêche, l'agriculture et la chasse. Les lieux désignés sous l'appellation caraïbe renvoient aux conséquences de l'appropriation coloniale des îles. Les Européens, qui possèdent des armes de destructions, combattent les

---

180 *« Caraïbes »*, Les spéciales de l'IGN. Pays et villes du Monde, Institut Géographique National, 1994, 1/3000000.

181 Appelée aussi Mer des Antilles.

182 J. CAZENEUVE, *Dix grandes notions de la sociologie*, Editions du seuil, 1976, p. 13.

183 Le caraïbe.

184 Caloucaera ou Karukera. Deux orthographes qui signifient l'île aux belles eaux. Cité par J-P. GIORDANI, Ibid, 1996, p.25.

Caraïbes. Le territoire[185], les grottes[186] et « l'habitation » caraïbe[187], servent de repli à cette première population repoussée aux extrémités de l'île Grande-Terre. *« Ces populations amérindiennes furent évincées lors de combats qui les opposèrent aux premiers colons français, dont Liénard de l'Olive qui leur mena une guerre exterminatrice jusqu'en 1639, et se replièrent dans le Nord Grande-Terre, où l'implantation française n'était pas encore possible... »*[188]. Leur trajet vers le Nord pour atteindre les grottes montre qu'ils sont impuissants face à la confiscation de leur territoire. Cette stratégie de repli leur permet de rester en vie. Les luttes durables et obligées pour la survie du peuple aboutissent à l'exil des rescapés vers l'île de la Dominique où leurs descendants vivent aujourd'hui dans une réserve. Le cadastre de 1732 mentionne une parcelle 562 correspondant à « l'habitation » *Les Caraïbes* dans la paroisse du *Port-Louis Pointe d'Antigues.* Ils étaient, au même titre que d'autres « habitants », propriétaires fonciers et producteurs de denrées. L'exil imposé leur fait perdre tout, tandis que les migrants volontaires d'Europe s'installent. Une fois vidée de ses premiers occupants, l'île Grande-Terre est prête à accueillir les nouveaux acteurs sociaux c'est-à-dire les *« entrepreneurs manipulant les relations personnelles pour atteindre leurs objectifs »*[189]. La caractéristique de la société coloniale, esclavagiste et ségrégationniste en cours d'organisation, est qu'elle fait table rase du passé.

4.2 La création de la société coloniale, esclavagiste et ségrégationniste

A partir de la fondation des « Compagnies »[190] d'exploitation et de peuplement, l'appropriation coloniale s'organise. Ce qui aboutit à la prise de possession des îles[191] pour les re-peupler, les fortifier et les mettre en valeur. Pour atteindre cet objectif, des capitaux, des armes de destructions, des bateaux et des autorisations établies par les

---

185 A côté de la savane *Desrosières* à *Anse-Bertrand,* voir carte du système de la plantation industrielle, page 34.

186 A la *Pointe de la Grande Vigie* à *Anse-Bertrand,* ibidem.

187 A la *Pointe de l'Anse des Corps* à *Petit-Canal,* ibidem.

188 J-P.GIORDANI, « La Guadeloupe face à son patrimoine. Itinéraires et modalités d'une reconnaissance et d'une revalorisation» Paris, Karthala, 1996, p.26.

189 J-P. OLIVIER DE SARDAN, *Essai en socio-anthropologie du changement social*, 1995, p. 50.

190 « Compagnie de Saint-Christophe » (1625-1635), « Compagnie des Iles d'Amérique » (1635-1651), « Compagnie des Indes Occidentales » (1664-1674).

191 Le 28 juin 1635 pour la Guadeloupe.

« Compagnies » sont donnés aux lieutenants et gouverneurs. Ce faisant, le territoire est vendu, découpé et aménagé. La vie des membres de la société coloniale, esclavagiste et ségrégationniste s'organise alors dans les quartiers et les paroisses. *« Avant la commune il y a le quartier. Le terme n'est point à prendre dans son acception ordinaire ou actuelle (par exemple quartier d'une ville). Les quartiers constituent les subdivisions de base du territoire de la colonie. Ces subdivisions se sont longtemps confondues avec les paroisses, circonscriptions religieuses, encore que la concordance n'est pas absolue »*. Si le quartier naît d'un regroupement « d'habitations », la paroisse correspond à l'assise territoriale d'un lieu de culte. L'inscription spatiale des symboles[192] du pouvoir colonial prouve que la colonie (île de l'archipel) appartient à la métropole (Royauté puissante du continent européen)[193]. Si les cartes révèlent le découpage du territoire, *« L'Etat de Population, Cultures, Manufactures, Moulins à cannes, Bestiaux, des Iles Guadeloupe et Dépendances pour l'an 1818, dressée au bureau du Domaine du Roi, à la Basse-Terre, sur les recensements fournis par les habitants des divers quartiers pour la dite année »* renvoie à l'organisation spatiale du territoire insulaire de la Guadeloupe et à la stratification stigmatisée de la société coloniale, esclavagiste et ségrégationniste. Si l'organisation spatiale est fonction du nom des îles et du nom des quartiers, la stratification stigmatisée repose sur la couleur de la peau des corps des populations : « blancs », « gens de couleur libres » et « esclaves ». Le sexe, l'âge et l'infirmité sont retenus comme critères pour établir des catégories à l'intérieur d'une même frange de population. La ligne du tableau[194] qui concerne *Port-Louis* permet d'entrer à l'intérieur du quartier de « l'habitation-sucrerie » dite *Beauport*. *Port-Louis* s'étend sur un total de 4200 carrés de terre dont 1032 de terres plantées en cannes. On y trouve 26 manufactures à sucre[195], 2 à coton, 3 à vivres et manioc, 26 moulins à cannes (à vent), 1 moulin à cannes (à bêtes), 75 chevaux, 490 mulets, 830 bêtes à cornes, 642 moutons et cabris. Le recensement distingue bien la manufacture à sucre du moulin à vent qui, bien que partageant un même espace, sont deux objets différents. A juste titre, ils figurent dans deux colonnes distinctes et, leur appellation précise leur fonction.

---

[192] Forts, canons, églises, presbytères.
[193] La France.
[194] Présenté en annexe dans la thèse.
[195] C'est-à-dire la sucrerie.

Le moulin à cannes broie la matière première plantée dans les carrés de terre. La manufacture à sucre transforme le résidu obtenu en produit dérivé de la canne. A *Port-Louis*, vivent *« 301 blancs, 211 gens de couleur libres, 3166 esclaves »*. Si les esclaves sont dix fois plus nombreux que les autres c'est parce que leur présence est indispensable pour assurer la bonne santé économique de la colonie. Rappelons que le modèle de « l'habitation-sucrerie » est créé par les fondateurs de la société coloniale, esclavagiste et ségrégationniste et que les esclaves sont le capital de « l'habitant ». De ce fait, il est possible d'affirmer que plus un quartier totalise un nombre important d'esclaves, plus il produit et plus ses « habitants » sont riches. Les atouts de *Port-Louis* sont donnés dans le témoignage du Père Labat : *« Une chose me surprit dans tout ce quartier-là. C'était d'y voir les cannes plantées jusqu'au bord de la mer (...). Je n'avais jamais tant vu de crabes que j'en vis dans ce quartier-là. Les cannes, les savanes, les maniocs, les bois et les chemins en étaient pleins (...). La chasse et la pêche y sont abondantes, de sorte que la vie coûte peu, ce qui invite bien du monde à demander des concessions pour y faire des établissements... »*[196]. La richesse du quartier est confirmée, mais ce qui dérange c'est la destruction de la société caraïbe pour la fondation de la société coloniale, esclavagiste et ségrégationniste à l'intérieur de laquelle la stratification stigmatisée s'établit juridiquement en fonction de l'origine européenne ou africaine. La couleur de la peau des corps désigne les personnes, leurs statuts font d'elles des acteurs ou des objets/sujets de la société coloniale, esclavagiste et ségrégationniste. En conclusion, les cartes présentées dans la première partie ont révélé un aménagement territorial en île à sucre et *« L'Etat de Population, Cultures, Manufactures, Moulins à cannes, Bestiaux, des Iles Guadeloupe et Dépendances pour l'an 1818, dressée au bureau du Domaine du Roi, à la Basse-Terre, sur les recensements fournis par les habitants des divers quartiers pour la dite année »* apporte la preuve d'une transformation sociale à partir de la stratification stigmatisée par la couleur de la peau des corps. La violence de ce que Julie Lirus-Galap nomme : « la rencontre des Ailleurs » aboutit à la destruction de la société caraïbe et à l'exil de la population native et présente dans l'île au moment de son appropriation. Seul le patrimoine protégé *« au titre de la législation sur les monuments historiques et*

---

196 Cité par J. ADELAIDE-MERLANDE, *Histoire des communes Antilles Guyane*, Volume 5 Port-Louis-Saint François, Press Play, 1986, p. 8.

sur les sites »[197] honore la mémoire des Caraïbes. Pour rencontrer leurs descendants, il faut aller ailleurs c'est-à-dire dans l'île de la Dominique. L'appropriation coloniale affecte d'abord les hommes parce que les acteurs militaires et politiques de la Royauté sont à l'œuvre. La mainmise sur les ressources de l'île passe par le sacrifice des premiers occupants et par la transformation de la société caraïbe en société coloniale, esclavagiste et ségrégationniste. Ce nouveau type de société privilégie l'organisation des activités économiques et diffuse, dans chaque île deux modèles d'aménagement territorial : « l'habitation » et « l'habitation-sucrerie ». Les valeurs européennes organisent, par conséquent, la vie des membres de la société coloniale, esclavagiste et ségrégationniste bien avant la création de l'entreprise *Beauport*. De même que les dirigeants de l'entreprise utilisent le modèle existant, de même ils s'installent dans une société déjà transformée. Les dirigeants de l'entreprise *Beauport* ne sont donc pas à l'origine de la fondation de la société coloniale, esclavagiste et ségrégationniste même si les membres du personnel sont issus de cette société particulièrement violente.

[197] Voir liste fournie en annexe dans la thèse et tirée du livre de J-P., GIORDANI, *La Guadeloupe face à son patrimoine, Itinéraires et modalités d'une reconnaissance et d'une valorisation*, Karthala, Paris, 1996, Annexe I.

CHAPITRE 5
La mobilisation des membres de l'entreprise *Beauport*

L'entreprise *Beauport* organise ses activités dans le quartier du *Port-Louis* et son installation contribue à la dynamique de la société coloniale, esclavagiste et ségrégationniste. Si le premier dirigeant de l'entreprise est « l'habitant » Pierre-Guillaume Ruillier-Beauport c'est parce qu'une revente sur folle-enchère lui permet de se porter acquéreur d'une propriété aménagée en « habitation-sucrerie ». Dès lors, sa mission consiste à faire de l'île Grande-Terre une terre d'exil façonnée surtout par les acteurs économiques de la société coloniale, esclavagiste et ségrégationniste. *Beauport* devient alors une œuvre collective qui mobilise les populations de trois continents (l'Europe, l'Afrique et l'Asie).

5.1 Les migrants volontaires d'Europe dits : « les colons, les maîtres, les békés »

Le commerce produit de la richesse, les nouveaux maîtres des lieux ont les moyens d'organiser leur vie sur place. Pour migrer de la métropole à la colonie, les familles Ruillier-Beauport et Souques[198] se déplacent avec leurs capitaux, leur culture et leur mode de vie. Si le patriarche reste en métropole pour suivre ses affaires, la gestion de sa propriété coloniale est confiée à un géreur.

5.2 Les migrants forcés et déportés d'Afrique dits : « les esclaves »

« L'habitation-sucrerie » de Pierre-Guillaume Ruillier-Beauport a besoin de bras pour produire du sucre. Il déporte d'Afrique ses esclaves. Leur mobilisation s'organise sous la contrainte puisque dès leur arrivée, ils sont placés sous l'autorité de cet « habitant » devenu leur maître. La loi se met au service de la grande tragédie humaine qu'est l'esclavage en créant le cadre juridique de référence dit « *Code Noir* ». Le statut d'esclave, défini juridiquement dans ce texte, qualifie les esclaves d'individus déplacés comme des *« biens-meubles »*. Leur déplacement est rythmé par les besoins de l'entreprise *Beauport,* par leur affranchissement éventuel ou par le marronnage[199]. Ce qui leur permet de quitter les terres de l'« habitation » pour se cacher dans les parties les moins accessibles de l'île ou bien de fuir cette île pour

---

[198] Toutes deux originaires du Sud-Ouest de l'hexagone.

[199] Mode de rébellion de l'esclave pour quitter « l 'habitation » et se cacher dans les parties les plus inaccessibles de l'île.

échapper à leur triste sort. Si le travail de l'esclave n'est pas rémunéré, l'esclave lui, possède une grande valeur financière. L'inventaire indique en 1813 que 70 esclaves sont présents sur « l'habitation-sucrerie » dite *Beauport*, le recensement de 1818 dénombre pour le quartier de *Port-Louis* 3166 esclaves. Lorsque l'esclave survit à son destin tragique, il demeure « un homme debout » dont l'identité se construit dans le métissage culturel. La plus inattendue des conséquences de la rencontre entre Européens et Africains se produit parce que chaque homme en migration, volontaire ou forcée, transporte ce qu'il a de plus précieux et que nul ne peut lui enlever c'est-à-dire sa culture : *« Un tout complexe incluant les connaissances, les croyances, l'art, la morale, les lois, les coutumes et toutes autres dispositions et habitudes acquises par l'homme en tant que membre d'une communauté »*[200]. La culture africaine persiste dans les îles de déportation et le transfert du pays d'origine vers le pays d'accueil est inévitable. La présence des esclaves, révélée par l'inventaire de « l'habitation-sucrerie », rappelle que l'organisation du commerce nécessite l'introduction, dans la violence, de nouvelles franges de populations. A *Petit-Canal*, le lieu-dit « les marches des esclaves »[201] est dédié aux *Congos*, *Ouolofs*, *Peuls*, *Bamilékés*, *Yorubas* et *Ibos*. L'escalier reconstruit par l'architecte, Ali Tur, symbolise le premier effort à accomplir pour les déportés. La mémoire des Africains est honorée par des petites plaques en bois[202], vissées dans la pierre des piliers de l'escalier. Le dessein de l'entreprise les oblige à monter les cinquante-trois marches qui mènent au parvis de l'église de *Petit-Canal*. Ces cinquante-trois marches les conduisent vers *Beauport* où règnent en maître, la canne et le sucre.

L'emplacement de l'église de *Petit-Canal* indique que le pouvoir religieux a la meilleure vue sur les frontières du territoire. Il peut scruter l'horizon, les arrivées et les départs de marchandises, de même que les apports et les fuites de populations. Cette domination due à la localisation des édifices religieux va de pair avec le baptême colonial du territoire et l'obligation de conversion au catholicisme pour les nouveaux membres de la société coloniale, esclavagiste et ségrégationniste. Le travail de commémoration, entrepris notamment à l'occasion du bicentenaire de la première abolition de l'esclavage à la Guadeloupe, rappelle que ce n'est pas à l'entreprise *Beauport* que

---

200 « Spécificités et dynamiques des cultures négro-africaines », Unesco, 986, pp17-27.

201 A proximité de « La Darse », voir photo à la page suivante.

l'ouverture de l'île Grande-Terre à la mondialisation du commerce coûte le plus. Les migrants forcés et déportés d'Afrique affrontent nus, le premier crime contre l'humanité financé par ceux qui détiennent des capitaux et des armes de destruction. Si la frange africaine n'est plus présente pour témoigner, il est possible de relever, sur le terrain, comment sa visibilité est assurée. Les plans « d'habitations » révèlent que les esclaves vivent à l'étroit dans ce type d'exploitation économique devenu modèle d'organisation sociospatiale. Les esclaves domestiques, par exemple, entrent dans la maison de leur maître. Leur fonction est plus forte que le préjugé de couleur puisque ceux que la ségrégation éloigne, pénètrent dans l'intimité de « l'habitant » et de sa famille. Les relations interpersonnelles se modifient. Le métissage devient le résultat d'une proximité organisée par la vie quotidienne malgré les statuts juridiques discriminatoires. Si le pouvoir colonial organise la vie économique et sociale, les relations interpersonnelles s'établissent, dans les « habitations », sur des critères de désir charnel et de lutte contre le désir. Dans l'intimité, c'est-à-dire momentanément dans le lit de son maître, la jeune esclave n'est ni objet, ni sujet, mais tout simplement femme capable de procréer. L'attirance entre genre masculin et genre féminin échappe à la ségrégation en vigueur dans la société coloniale, esclavagiste et ségrégationniste. Des actes de partage momentanés s'inscrivent alors dans le territoire habité de violence, de sang et de larmes. Les moun ici, nouvelle frange de population ni en migration ni déportée, se constituent sur place.

5.3 Les *moun ici* : « les gens de couleur libres ou mulâtres »

Le pouvoir colonial attribue un statut intermédiaire aux moun ici nés de l'union physique entre Européens et Africaines. Ce statut les protège de l'esclavage et rappelle leur appartenance à ces deux franges de populations. La séduction entre ceux qui possèdent et ceux qui appartiennent n'attend pas l'abolition de l'esclavage. Le vote du décret d'abolition définitive entérine, par conséquent, une transformation sociale largement entamée dans les faits. Si la législation donne une image unilatérale de la colonie sur la scène internationale, le système de la plantation industrielle est le mode d'importation de la modernité. L'inventaire « d'habitation »[203] et l'Etat[204] montrent que les trois franges de populations sont mobilisées

203 Présenté à la page 11 dans la thèse.
204 Présenté en annexe dans la thèse.

par l'entreprise *Beauport*. Si jusqu'ici la dynamique interne de *Beauport* s'aligne sur la transformation de la société coloniale, esclavagiste et ségrégationniste, en 1844, l'aménagement des habitations-sucreries en usines crée une rupture. En effet, la création des premières usines ailleurs qu'à *Beauport* l'exclue, momentanément, d'une nouvelle organisation du travail. Si l'usine n'abolit pas juridiquement l'esclavage, elle apporte la preuve du passage de la stratification stigmatisée par la couleur de la peau des corps à la stratification sociale à partir de la structuration socioprofessionnelle. L'industrialisation modifie le mode de production du sucre. S'il y a changement de mode de production c'est qu'il y a changement de mode de travail. Or, ceux qui travaillent dans les champs sont ceux qui possèdent des statuts juridiques discriminatoires. La main-d'œuvre servile est la première concernée par la division du travail qui impose une séparation entre les tâches agricoles et les tâches industrielles. C'est à partir de la création d'une industrie du sucre que la production de masse de cet aliment commence. *« L'industrialisation implique une production de masse. Or comme le prophétisait Marx, la mondialisation, c'est-à-dire l'inscription de toutes les activités humaines dans un système global d'échanges, contribue à transformer ce qui était sacré, exceptionnel, particulier, artisanal, réservé à un cercle restreint, en quelque chose de banal, de facilement accessible, que l'on vend et achète. D'où la diffusion, l'universalisation de la logique industrielle »*[205]. Si l'aménagement territorial en usine place la colonie au même niveau de développement industriel que la métropole, il ne permet pas aux migrants forcés et déportés d'Afrique de la société coloniale, esclavagiste et ségrégationniste d'accéder au statut d'ouvrier. Alors que dans le continent européen, la révolution industrielle crée un monde ouvrier. Ce faisant, ceux dits « les prolétaires » entrent dans la stratification sociale en métropole. En revanche, dans la société coloniale esclavagiste, la création de l'industrie du sucre de canne ne modifie pas le statut d'esclave des Africains. La société coloniale conserve ses caractéristiques et la ségrégation perdure. Si le mode de production transféré est le même que celui utilisé pour le sucre de betterave, les effets sociaux sont loin d'être identiques. L'inacceptable continue. Les ouvriers produisent du sucre de betterave en échange d'un salaire, les esclaves produisent du sucre de canne en étant privés

[205] P. MOREAU-DEFARGES, *La mondialisation*, « Que Sais-Je ? », Paris, Presses Universitaires de France, 1998, p. 31-32.

de liberté. En métropole, le progrès industriel ébranle le quotidien des populations, dans la colonie ce même progrès industriel modifie l'aménagement territorial mais n'abolit pas les statuts ségrégatifs. Le destin des esclaves n'est pas le centre d'intérêt des usiniers qui deviennent patrons tout en demeurant propriétaires d'êtres humains. Si les symboles de l'industrie et du capitalisme ne sont pas encore entrés à *Beauport*, Aman Souques fait tout de même preuve de modernité dès l'abolition de l'esclavage. Il trouve de l'argent liquide pour payer les « nouveaux libres » qu'il considère comme étant du personnel. Cette adaptation rapide à la transformation sociale fait qu'il conserve la grande majorité de sa main-d'œuvre. Ce qui permet à *Beauport*, encore aménagée en « habitation-sucrerie », de faire face à la concurrence des usines. Si Aman Souques admet que tout travail mérite salaire, c'est parce qu'il prépare l'industrialisation de *Beauport*. Celle-ci se produit en 1863, lorsqu'il devient le patron de l'usine *Souques*. La création de cette usine, plus de quinze ans après le vote du décret d'abolition de l'esclavage dans les colonies françaises, oblige l'entreprise à faire appel à des détenteurs de capitaux extérieurs et à recruter du personnel. L'entreprise engage, « sous contrat pour cinq ans », les Indiens afin qu'ils remplacent les nouveaux libres qui ne veulent plus travailler dans les champs.

5.4 Les migrants engagés d'Inde sous contrat : « les Indiens ou les coolies »

Les détenteurs de capitaux se tournent vers le continent asiatique puisque l'Angleterre[206] leur a fourni le modèle de *« coolie-trade »*. Les conséquences économiques de l'abolition de l'esclavage sont assumées par les Indiens, nouveaux membres de la société coloniale, post-esclavagiste et ségrégationniste. Le 24 décembre 1854, le premier convoi d'Indiens arrive à la Guadeloupe. On y dénombre 344[207] individus. Les textes relatifs aux préparations du cent-cinquantenaire de l'arrivée des premiers Indiens à la Guadeloupe sur le navire *« Aurélie »* signalent que plus de 42 000[208] Indiens furent introduits : *« Durement traités dans les plantations de canne à sucre, plus de 10 000 d'entre eux périrent à la suite de terribles châtiments corporels. Certains préfèrent le suicide aux sévices qui leur étaient infligés.*

[206] Une Convention sera même passée entre la France et la Grande Bretagne le 1er juillet 1869.
[207] Chiffre tiré de la page web « 1854-2004 Cent cinquantenaire de l'arrivée des premiers Indiens à la Guadeloupe sur le navire Aurélie », www.outremer.com, 19/11/2002.
[208] www.moutoussamy.net, 150ième anniversaire de l'arrivée des premiers indiens 1854-2004.

Quoique nés en Guadeloupe, leurs descendants n'échappèrent pas à la règle... »[209]. Le statut d'engagé ne réserve pas aux Indiens une intégration de qualité dans la société coloniale, post-esclavagiste et ségrégationniste. Dès leur arrivée, ils sont marginalisés et ne bénéficient pas du régime de droit commun. La puissance de la société, post-esclavagiste et ségrégationniste s'exprime dans sa capacité à absorber les hommes venus d'ailleurs exclusivement pour son développement économique tout en les maintenant dans un statut peu favorable à leur épanouissement social. L'intégration de cette nouvelle frange de population s'effectue au rythme de ses revendications. Ce qui aboutit à l'élection de leurs représentants dans les institutions de la société coloniale, post-esclavagiste et ségrégationniste. Affectés par tirage au sort à leur patron, les Indiens reçoivent un livret de travail, un livret-contrôle à présenter aux agents de l'immigration. Si la correspondance active entre le siège social à Bordeaux et l'usine *Beauport*[210] confirme que l'entreprise a engagé des Indiens, c'est à l'occasion d'un décès que la présence de l'indien est rappelée. Son inhumation[211] sur « l'habitation » *Le Mancenillier*[212], coûte 9 francs à l'entreprise. La destruction de la société caraïbe dont la caractéristique principale était d'être constituée d'une population native a permis aux migrants volontaires d'Europe de fonder la société coloniale, esclavagiste et ségrégationniste, avec des migrants forcés et déportés d'Afrique et des migrants engagés d'Inde sous contrat. Cette transformation sociale s'accompagne de l'établissement juridique de la stratification stigmatisée à partir de la couleur de la peau des corps des populations issues des différents continents. Si la création de l'industrie du sucre de canne transforme la stratification sociale stigmatisée à partir de la couleur de la peau des corps en structuration socioprofessionnelle, ce changement n'aboutit pas à l'abolition de l'esclavage. La division du travail sépare cependant la main-d'œuvre servile. Si la ségrégation perdure dans la société coloniale, esclavagiste et ségrégationniste l'indicateur de la transformation sociale n'est plus la couleur de la peau des corps mais bien le statut dans la structuration socioprofessionnelle. L'abolition de l'esclavage transforme la société coloniale, esclavagiste et ségrégationniste en société coloniale, post-esclavagiste et ségrégationniste et les esclaves deviennent des « nouveaux libres ». Ils

[209] www.outremer.com, 19/11/2002.
[210] Source 18 J 1, 1908, p. 5.
[212] Ou Deville.

ne quittent pas pour autant « l'habitation-sucrerie ». *Beauport* les retient à nouveau avec des salaires mais recrute aussi, une partie de sa main-d'œuvre ouvrière, en Inde. La richesse de *Beauport*, déjà construite sur le sacrifice des Caraïbes et des Africains, repose maintenant sur celui des Indiens car la priorité demeure la production de sucre. L'aménagement territorial de *Beauport* en usine prouve que le commerce du sucre de canne entre, avec l'instauration du libre-échange à la Guadeloupe, dans une phase mondiale de développement. Si *Beauport* ne fait pas partie des premières « habitations-sucreries » réaménagées en usines, elle bénéficie d'une situation coloniale et mondiale exceptionnelle. Cet avantage lui permet de s'industrialiser, dès le départ, avec l'appui des capitaux métropolitains. Ce faisant, la transformation sociale ne semble pas gêner le développement de ses activités. L'aménagement territorial *de Beauport* a prouvé que l'entreprise met en place le système de la plantation industrielle dans l'île Grande-Terre. Ce faisant *Beauport* ouvre cette île à la mondialisation du commerce du sucre de canne. Cette réussite fait de *Beauport* le meilleur exemple de transformation de la société coloniale, esclavagiste et ségrégationniste en société coloniale, post-esclavagiste et ségrégationniste. C'est à l'intérieur du système de la plantation industrielle que la transformation sociale est visible à partir du remplacement du préjugé de couleur par le statut dans l'entreprise *Beauport*. L'analyse de la structuration professionnelle révèle une organisation du travail devenue de plus en plus complexe et conforme à la stratégie capitaliste. Ce résultat est le fruit de l'aménagement territorial et de la transformation sociale. A chaque statut correspondent un mode de travail, un revenu, un mode de paiement et un type de logement. Ce faisant, l'entreprise organise la vie professionnelle de même que la vie familiale de ses membres. La structuration socioprofessionnelle établit de nouvelles inégalités parce qu'elle oppose ceux qui ont du capital à ceux qui n'en n'ont pas. Les relations entre le patron et ses ouvriers rappellent celles entre le maître et ses esclaves. Finalement, dans la société coloniale post-esclavagiste, les mêmes personnes avec des statuts juridiques différents sont en train de faire les mêmes choses, aux mêmes endroits. La ségrégation et les inégalités perdurent mais elles s'expriment différemment. C'est dans le travail que s'installent les conflits.

CHAPITRE 6
L'organisation du travail dans l'entreprise *Beauport*

Dans l'entreprise *Beauport,* le travail a toujours été effectué par la frange majoritaire de la société coloniale, esclavagiste et ségrégationniste. Si les migrants volontaires d'Europe décident et financent l'aménagement territorial de l'entreprise, ce sont les migrants forcés et déportés d'Afrique qui subissent les conséquences des nouveaux types d'exploitation et des nouveaux modes d'organisation du travail. Après l'abolition de l'esclavage, l'entreprise verse des salaires pour conserver sa main-d'œuvre venue d'Afrique. Si les nouveaux libres peuvent quitter *Beauport,* la reconnaissance de leur nouveau statut et l'achat de leur force de travail par Aman Souques les en dissuadent. Le travail des champs continue à être exécuté par les mêmes venus d'ailleurs. L'industrialisation de *Beauport* réclame plus de main-d'œuvre pour approvisionner en quantité suffisante l'usine. Les Indiens rejoignent une partie des Africains tandis qu'une autre partie de ces mêmes Africains quitte l'agriculture pour entrer dans l'industrie. La compétition s'installe dans l'entreprise au sein des mêmes franges de populations. La création de postes hautement qualifiés pour améliorer le rendement industriel aboutit à l'arrivée de nouveaux Européens. Le travail à *Beauport* devient une œuvre collective qui renouvelle le mode d'installation des anciens conflits.

6.1 De la servilité au travail dit libre

Les nouveaux libres, encore désignés par la couleur de leur peau des corps, restent attachés au travail des champs. Malgré l'abolition de l'esclavage les mêmes c'est-à-dire *« les nègres et les négresses »* avec un statut juridique différent dit *« nouveaux libres »* relèvent de la même *« habitation »* pour faire la même chose *« travaux des champs »*.C'est véritablement la preuve de leur nécessité et de la rigidité du système de la plantation industrielle : *« Chaque nègre continuera à jouir de sa case et de son jardin tant qu'il restera attaché aux travaux de l'habitation. Le travail de chaque nègre, indépendamment d'autres avantages qui seront relatés plus bas sera rétribué à raison de 5 sous par jour ou de 5 francs par mois, le travail de chaque négresse à raison de 4 sous par jour ou de 4 francs par mois, payable mois par mois. Le samedi sera consacré par le nègre à faire venir les vivres nécessaires pour sa subsistance qui demeurera entièrement à sa charge... »*[213]. L'ouvrier des champs travaille à la journée au sens de *«l'espace de temps qui s'écoule du lever au coucher du soleil »*[214]. Il reçoit un salaire à la journée ou au mois. Il perd son salaire en cas de maladie. L'organisation du travail dit libre est un défi hypocrite qui masque le maintien de l'attachement aux travaux des champs. L'ouvrier des champs est juridiquement libre dans le système de la plantation industrielle, mais il ne peut choisir ni son lieu de travail, ni son mode de travail. Il est esclave du rendement dans l'entreprise puisque son volume de travail dépend de la quantité de sucre à produire. Si tous les nouveaux libres travaillent dans les champs, qui travaille donc dans les usines créées quatre ans auparavant ? Si les libertés individuelles sont reconnues officiellement, l'organisation du travail dit libre maintient l'autorité coloniale dans la vie professionnelle d'une partie des membres de la société coloniale post-esclavagiste. La décision de création *d'ateliers de discipline* pour la répression du vagabondage et de la mendicité, le confirme : *«Il sera établi, dans chaque colonie un ou plusieurs ateliers de discipline où seront pendant la durée de leurs peines, les individus de sexe masculin qui auront été condamnés pour vagabondage ou mendicité. Les femmes condamnées pour vagabondage ou mendicité seront détenues dans un atelier de discipline où elles seront employées, sous la direction de religieuses, aux travaux de leur sexe. Le dimanche les travailleurs seront conduits à la messe ».*[215] L'autorité coloniale conserve le maintien de l'ordre, le contrôle des relations interpersonnelles et le respect de la pratique religieuse catholique. Le décret d'abolition de l'esclavage du 27 avril 1848 crée les jurys cantonaux dont la mission est de statuer soit par voie de conciliation, soit par jugement, sur les ouvriers. Ce même décret instaure une fête du travail tous les ans à la date anniversaire du jour de l'abolition ainsi qu'un prix pour le meilleur travailleur. Le travail fait de l'ombre à la liberté récemment acquise par la frange africaine de la société coloniale post-esclavagiste.

---

[213] A.Savon négociant (Ile de la Martinique) cité par Z. SZAJKOWSKI, « Bordeaux et l'abolition de l'esclavage dans les colonies en 1848 », *Revue historique de Bordeaux et du département de la Gironde*, Archives municipales de Bordeaux, 1954, p.13-14.
[214] A. REY (Dir), *Ibid*, 1994, p. 568.
[215] Arrêté pour l'organisation des ateliers de discipline, Paris, 27 avril 1848.

6.2 L'exemple d'un contrat de travail : le colonage partiaire

Ce contrat avantage l'entreprise qui conserve tout pouvoir sur la terre mise en location. La surface cultivée varie à chaque contrat, signé pour six ans et non renouvelable par tacite reconduction. L'entreprise peut donc, à tout moment, récupérer une partie de son patrimoine foncier. Le colon ne conserve alors que sa force de travail, puisqu'il livre la totalité de sa récolte annuelle de cannes à l'usine. C'est à partir des projets d'état du personnel[216] retrouvés dans les archives de la SAUB qu'il est possible d'établir une typologie. Plus le statut professionnel défavorise celui qui le possède, plus ce dernier cumule des modes de travail différents. L'ouvrier des champs, par exemple, cumule le travail à l'heure ou à la journée ou bien le travail à la tâche ou à l'entreprise. Les modes de travail favorisent certains membres du personnel, de même qu'ils maintiennent d'autres dans une situation de précarité.

6.3 Le fonctionnement de la *Société Anonyme des Usines de Beauport*[217]

Comme toute grande entreprise, la *Société Anonyme des Usines de Beauport*[218] possède un CA et un Comité de Direction pour l'exécution des décisions prises. C'est au siège social, à Bordeaux, que se tiennent les Conseils. Celui du 26 avril 1974[219] comporte cinq points :

1°) Adoption du projet PV du conseil 28/2/74

2°) Séjour du président et de Mr Garetta à *Beauport*

Point de la campagne, mission pluridisciplinaire.

3°) Situation des exploitations

Agriculture, usine, administration.

4°) Personnel

Démission de Mr H. Pretet, adaptation de Mr Claude Bardet, recrutement Directeur Technique.

5°) Questions diverses

S.E.G.T, terrains (Safer, habitat rural), contentieux (Champelier de Ribes-poublan).

L'exemple du Conseil d'Administration n'est pas représentatif de la dynamique du terrain. Le point n°4 annonce les mouvements de

[216] Source 18J214.
[217] SAUB
[218] Ibidem.
[219] C. A. MEDEIROS, op.cit, 1970.

personnel mais il ne permet pas de comprendre ce qui est à l'origine des conflits entres les membres du personnel et la direction proprement dite. Le compte-rendu signale les décisions internes et administratives prises au siège social. Il ressort que tout évènement qui peut lui permettre de connaître la situation sur le terrain est intéressant. Le séjour du président en période de campagne sucrière fait l'objet d'un rapport à son retour. La santé de l'entreprise est évaluée au moment le plus intense de son activité. Si les décideurs du siège social ne sont pas présents localement dans le territoire de l'entreprise, les missions et rapports qu'ils effectuent lors de leurs déplacements ponctuels orientent la prise de décision centralisée. Le siège dispose ainsi d'éléments suffisants pour définir lui-même les rôles de chacun des membres de l'entreprise. Rien n'est dit des travailleurs. Qui est leur responsable dans cette distribution du travail pour améliorer leurs statuts ? Qui est leur représentant dans ce conseil ? Dans un courrier adressé au directeur général de la Société Anonyme des Usines de Beauport (SAUB), monsieur R. Urbain demande d'accueillir monsieur Charles ISAUTIER et de le *« faire visiter quelques distilleries et lui remettre toutes informations qui pourraient l'intéresser sur cette activité »*[220]. Malheureusement le motif de cette demande et le compte rendu de la visite sont illisibles car les archives sont en très mauvais état. Un voyage organisé par monsieur De Verteuil, représentant de Caterpilar, effectué à Trinidad du 21 mai au 31 mai 1946 comptait parmi ses participants : messieurs Pages de *Darboussier* et Sejourne, des sucreries coloniales, Octave Aubéry, du *Comté*, et Chavanne de *Beauport*. Le but de ce voyage est l'étude du matériel et les méthodes de cultures utilisées à Trinidad. L'objectif est d'expérimenter une mécanisation des travaux de culture dans l'entreprise *Beauport*. Cet objectif est atteint le 31 mai 1954 lorsque : *« Un Cane Loader employé sur l'habitation Clugny au 98ième jour de la récolte leva 59 244 kilogrammes de cannes portés sur six wagons. Ainsi au lieu de compter plusieurs charrettes chargées de la production de un ou deux coupeurs, il n'y avait plus qu'un chauffeur sur un engin travaillant du matin au soir jusqu'à épuisement des stocks de cannes coupées... »*[221]. La machine remplace à elle seule sept salariés. Théodora explique très bien les changements dus à la mécanisation : *« Quand j'ai commencé à travailler à Beauport, il y avait attachement de cannes. Il n'y avait pas de Cane Loader ».*

---

220 Source 15 J 2, lettre datée du 21 avril 1975.

221 R. GAMA, thèse de doctorat, op.cit, p. 490.

Murielle : « Vous faisiez tout à la main ? »

Théodora : « Oui, tout à la main. Il fallait couper la canne, la mettre à terre, les femmes attachaient les cannes. Il y avait des garçons aussi qui pouvaient le faire. Mais à ce moment-là c'était 334 paquets de cannes qu'il fallait attacher pour la journée. La demi-journée c'était 154. Après cela on a amené le Cane Loader. On m'avait demandé pour aller travailler derrière le Cane Loader. J'ai tout refusé. J'ai dit que je préfère couper ma canne ou attacher ma canne. Derrière le Cane Loader, vous prenez à 6 heures du matin, vous lâchez à 14 heures. Tout le soleil tape sur toi. Si c'est pour prendre à 14 heures, vous lâchez à 18 heures 19 heures ». La mécanisation rend les conditions de travail plus difficiles. Elle impose un créneau horaire à des salariés habitués à quitter leur lieu de travail lorsqu'ils ont fini leurs tâches. Le personnel agricole ne se sent plus libre mais au contraire surveillé par la machine. Face au souci d'organisation générale de l'entreprise, la Société Anonyme des Usines de Beauport (SAUB) commande un audit à la Société Multinationale de Développement pour les Industries Alimentaires et Agricoles (SOMDIAA). Société Anonyme au capital de 18.000.000 F dont le siège social se trouve à Paris. Les résultats de cette étude sont regroupés en thèmes jugés porteurs par la Société Multinationale de Développement pour les Industries Alimentaires et Agricoles (SOMDIAA) afin d'optimiser le fonctionnement de l'entreprise *Beauport*. La direction générale avait déjà travaillé la question de l'organigramme. Les orientations prévues par elle aussi bien que celle imaginées par la SOMDIAA[222] ont permis d'aboutir à un organigramme de direction comprenant le domaine d'exploitation, l'agriculture, l'usine et l'administration en situant bien les niveaux de responsabilité, de liaison et de dépendance hiérarchique. *« Cet organigramme comporte comme indiqué dans l'étude de l'agriculture, quelques postes à créer et quelques mouvements. Concernant l'usine une séparation de responsabilité entre Fabrication et Laboratoire. Concernant l'administration la prise en charge par Mr Bardet de l'action ou de la supervision de tous les services administratifs ».* Le fonctionnement de la Société Anonyme des Usines de Beauport (SAUB) est complexe. Le statut de société anonyme acquis par l'entreprise *Beauport* associe un président et un conseil

---

[222] Ibidem.

d'administration à un établissement industriel de la Guadeloupe. Les capitaux métropolitains financent la transformation de l'entreprise familiale *Beauport* en société anonyme, la réalité locale ne traverse pas l'océan Atlantique pour occuper le siège social à Bordeaux. Les nouveaux détenteurs du capital de la Société Anonyme des Usines de Beauport (SAUB) sont donc obligés de rejoindre le territoire de l'entreprise *Beauport* pour parcourir ses lieux. Ils s'immergent dans le terrain. Ils découvrent alors *Beauport*, leur propriété et ceux qui la font fructifier. L'aménagement territorial modifie, au fil des expériences spatiales, les modes de travail dans l'entreprise, la transformation sociale maintient le capital dans les mains des Européens et écarte les Africains et les Indiens de toute possibilité d'investissement. Ce faisant l'accumulation de capital revient aux Européens et la pression de la production de masse est subie par la frange majoritaire de la population locale. La protestation contre le système de la plantation industrielle démarre dans les champs. Si les conséquences de cette protestation paralysent la marche de l'entreprise, le mouvement de revendications ne mobilise que les plus défavorisés dans la structuration socioprofessionnelle. La naissance de la conscience de classe dans la société coloniale, post-esclavagiste et ségrégationniste permet l'analyse de l'amélioration des conditions de travail. Mais prenons d'abord connaissance de l'organigramme…

CHAPITRE 7
La structuration socioprofessionnelle dans l'entreprise *Beauport*

L'industrialisation change le mode de travail du personnel de même que le type de stratification. Dans la société coloniale, esclavagiste et ségrégationniste l'indicateur de la stratification stigmatisée est le préjugé de couleur. Dans la société coloniale, post-esclavagiste et ségrégationniste l'indicateur de la transformation sociale à partir de l'organisation du travail est la structuration socioprofessionnelle.

7.1 Les patrons

L'usinier qui est une personne physique ou morale, propriétaire d'un établissement de la grande industrie, recherche le plus gros rendement industriel *(ou proportion de sucre extraite d'une tonne de cannes. Il est de 9,88% à Beauport contre 9,69% pour la moyenne guadeloupéenne et 9,65% à Darboussier. Le record est détenu par Courcelles avec 10,65%)*[223]. Les critères d'identification d'un usinier sont son origine européenne, son statut de migrant, son capital foncier et économique dans et hors du territoire de la Guadeloupe. Certains « habitants » ne peuvent pas réaliser l'effort financier pour aménager leurs « habitations-sucreries » en usines. Ils transforment alors leur entreprise familiale en Société Anonyme[224] et sont soutenus par des investisseurs métropolitains. Sous cette forme juridique, l'entreprise est dirigée par un Président Directeur Général[225] ou un Directeur Général[226] entouré de son Conseil d'Administration[227]. L'exemple de *Beauport* montre que le siège social au moment de la création de la Société Anonyme des Usines de Beauport, en 1908, est fixé à Bordeaux. La correspondance active entre le siège social et l'usine révèle que le principal souci de la direction est de renforcer son autorité : *« A certains moment des mots d'ordre avaient été donnés aux ouvriers pour nous attirer des ennuis ou freiner la marche de l'usine (grève perlée des tonneliers par exemple). Nous n'avons pas cédé une seule fois et au contraire avons même pu parfois supprimer certains avantages considérés comme acquis, cela en plein accord avec les dispositions légales et soutenus par l'inspecteur du*

---

223 Ch. SCHNAKENBOURG, op. cit, p. 101.
224 SA.
225 PDG.
226 DG.
227 CA.

travail… »[228]. La structuration socioprofessionnelle favorise une organisation rationnelle du travail ainsi que des rituels d'accès aux bureaux du personnel de direction. La gestion du temps est au centre de la stratégie mise en œuvre par la direction de l'entreprise *Beauport*. La fin de la campagne sucrière est le moment choisi par la direction pour effectuer les tournées qui permettent de remanier l'organisation existante et de provoquer du *« turnover »*[229]. Les mutations de géreurs et d'économes permettent de rompre les mauvaises habitudes. En fin de campagne l'entreprise remercie souvent les personnes dont elle souhaite se débarrasser en évoquant comme motif la suppression d'emploi. Pour comprendre véritablement l'état des relations entre le patron et son personnel, des entretiens semi-directifs sont menés sur le terrain. Théodora parle de son patron dans ces termes : *« J'avais monsieur M. Je ne sais pas s'il est déjà mort mais tellement ce bougre-là m'aimait il avait trouvé le moyen de me donner un morceau de terre dans la falaise pour que je plante à manger. Il m'a dit madame G. prenez ce morceau de terre pour planter du manger. Jusqu'à maintenant je l'ai. (…) C'était un patron, c'était un blanc. Monsieur M. m'avait donné une date particulière pour me donner les limites mais nous ne sommes jamais arrivés à nous joindre. Mais c'est resté comme cela. Je plante des patates dedans, mais il y a tellement d'escargots dedans. Lorsque je fouille des trous dedans, les escargots les mangent. Il n'y a pas moyen même! Et il n'y a personne par là. Par exemple si tu sèmes du poison et qu'un voisin sème aussi ça va. Mais là tu es seul à combattre »*[230]. L'identification du patron est facile puisqu'il appartient toujours à la frange européenne du personnel. Le patron est celui qui a le pouvoir de donner un petit morceau de terre. Malheureusement, la parcelle attribuée n'est pas délimitée et aucun titre de propriété ne semble avoir été délivré. De toute façon, le patron lui-même précise que le morceau de terre doit servir à l'alimentation quotidienne. La donation lèse beaucoup Théodora qui ne peut rien revendiquer en cas de litige. En plus du travail effectué pour le compte de l'entreprise, elle produit elle-même ses denrées alimentaires dans une zone abrupte et relativement perdue. Le fantôme du sort de l'esclave réapparaît même si Théodora est une femme libre. Sa naïveté la maintient dans un rapport de confiance extrême car elle est persuadée que l'obtention de cette parcelle de

---

228 Lettre manuscrite de Chavanne adressée à monsieur le directeur et datée du 06 juillet 1946.
229 Roulement de personnel.
230 Entretien avec madame Théodora Guimba, Port-Louis, février 1998.

terre est due à l'amour que lui porte son patron. Le couple patron/ouvrier est toujours travaillé par la force qui rassemble dans un même lieu ceux qui ont et ceux qui n'ont pas. Les patrons ne sont pas les seuls membres du personnel de l'entreprise *Beauport* que leur statut professionnel favorise. Les cadres font, eux aussi, partie des privilégiés.

7.2 Les cadres

Ils possèdent une fonction de direction au sein de l'entreprise *Beauport*. Ils font partie du « *personnel colonial* »[231] c'est-à-dire du personnel engagé par la métropole pour travailler dans la colonie. Ils sont les seuls membres du personnel de l'entreprise *Beauport* payés au mois qui reçoivent une fiche de paye. Les appointements d'un cadre se situent entre 7 000 et 8 000 francs sur 13 mois avec un congé annuel en métropole. Le salaire du cadre c'est-à-dire : « *Sa rémunération forfaitaire mensuelle se compose de deux éléments : une rémunération métropolitaine de 66% de la rémunération totale, une indemnité tropicale de 34% de la rémunération totale* ». Le contrat des cadres et la correspondance active précisent qu'ils bénéficient en raison de leur place dans l'échelle socioprofessionnelle, de nombreux avantages en nature : logement meublé, gaz, électricité, bons d'essence, gratifications en sucre. Au niveau administratif l'abattement d'impôt de 30% aux Antilles leur est appliqué, la remise à niveau du taux des allocations familiales[232] est effectuée. Leurs frais de déménagement sont pris en charge. Un mois après l'embauche, la *Société Anonyme des Usines de Beauport*[233] fournit un billet d'avion en classe économique pour le rapatriement du conjoint et des enfants mineurs à la charge du cadre. En cas de rupture du contrat, le rapatriement en métropole est pris en charge. Concernant l'engagement de monsieur Damoiseau par exemple la correspondance dit : « *Il est prévu qu'au cas où nous viendrions à le congédier nous lui devrions, ainsi qu'à sa famille, le voyage de retour du Port-Louis à Paris. Le voyage en France prévu, pour lui et sa famille, le place sur le pied de métropolitain travaillant à la colonie. De plus tous ses appointements étaient comptabilisés non par la colonie mais par le*

[231] Expression trouvée dans une lettre datée du 09 avril 1948, 18 J 214.
[232] Inférieur à celui de la métropole.
[233] SAUB.

siège social...»[234]. La *Société Anonyme des Usines de Beauport*[235] gère le conflit avec ce cadre de manière centralisée. Le contrat de travail des cadres montre bien que leur statut complexe associe la législation du travail en vigueur dans la métropole et les privilèges du personnel colonial. L'identification des cadres de l'entreprise *Beauport* est facile. Ils sont venus de la métropole avec leur famille, sont proches de la direction, sont les mieux payés, et sont logés à *Beauport* c'est-à-dire dans les belles maisons situées dans le périmètre de l'usine. Ils bénéficient de lieux aménagés pour leurs loisirs à l'intérieur du territoire de l'entreprise (court de tennis, salle de billard...). L'analyse montre que même en temps de crise (grève du personnel de mars 1946, conflit mondial) la direction de la Société Anonyme des Usines de Beauport (SAUB) prend soin de ses cadres. Les principales préoccupations concernent la hausse et la révision des appointements, les gratifications en nature, l'amélioration des conditions de vie des métropolitains, le recrutement de nouveaux cadres qualifiés, la liquidation du personnel trop gênant. La direction rappelle souvent que : *« Pour garder le personnel métropolitain, il faut lui offrir de bonnes conditions de vie sous les tropiques, voire de meilleures conditions que celles qu'il avait dans l'hexagone »*. Malgré tous ces avantages, les cadres logés se plaignent : *« On ne trouve pas de bonnes : avec les hauts salaires actuels, les ouvriers peuvent se payer le luxe d'avoir une femme chez eux, ce qui n'existait pas avant. Les femmes qui travaillent, préfèrent aller sarcler les champs ce qui rapporte beaucoup plus que de se placer. Or il est pénible pour une métropolitaine d'entretenir une maison telle que celles qui existent actuellement et de faire la cuisine sur un potager à charbon de bois ».*[236]Les cadres voyagent avec leur mobilier ou en commande. Ils réclament souvent un logement décent ou le font construire et prévoient les futures extensions[237] de ce logement. Les demandes spécifiques des uns et des autres se multiplient puisqu'il semble y avoir un roulement au niveau du personnel d'encadrement qui change aussi souvent que ses ordres. Les contrats d'embauche contiennent des données intéressantes pour connaître la fréquence d'embauche, les critères de sélection, la motivation pour le poste, le profil familial, l'origine géographique. La fiche de candidature au poste de directeur

[234] Source 15J 415-451 Correspondance.
[235] SAUB.
[236] Lettre du 29 décembre 1946, Source 18 J 211.
[237] Chambres de bonne ou de domestique.

technique[238] permet d'analyser le mode de recrutement, le profil des candidats, ainsi que les conditions d'immigration de la famille du cadre recruté par l'entreprise *Beauport.* Le candidat est choisi en fonction de ses compétences et de son expérience mais il faut qu'il y ait adéquation entre sa personnalité et le *« contexte humain et social de Beauport ».* Ce qui laisse imaginer l'état des relations humaines à *Beauport.* La direction reconnaît le caractère délicat de la gestion humaine et sociale de l'entreprise. L'attaché de direction n'hésite pas à préciser que la présence du directeur technique n'est pas *« politiquement et psychologiquement souhaitable en pleine campagne ».* La campagne sucrière est certes la période la plus importante au niveau de l'activité de l'entreprise mais elle constitue aussi un moment stratégique pour que la direction gère au mieux les tensions sociales afin qu'elles n'entravent pas le bon fonctionnement de l'entreprise. Complexe, *Beauport* se gère avec subtilité. La stratégie de la direction permet de maintenir un certain niveau de cohésion interne. *Beauport* apparaît presque comme un objet intouchable.

7.3 Les employés

Leur statut est défini par la convention collective. Ils sont au milieu de la structuration socioprofessionnelle. *« A Beauport, il y avait beaucoup de femmes employées au bureau »*[239]. Concernant le personnel de bureau la correspondance relate la difficulté pour la direction à trouver du personnel qualifié ou la facilité avec laquelle la direction n'hésite pas à *« liquider »* ses employés : *« Rien de particulier si ce n'est que je n'ai pas pu mettre la main sur une dactylo. Ce qui retarde mon travail et m'ennuie un peu car il y aura un reclassement de tout le courrier à effectuer. Il est extrêmement difficile de trouver une dactylo sachant taper et ayant un minimum d'instruction qui accepte de venir dans notre coin perdu. Ah ! si nous avions un cinéma ! Que de problèmes seraient facilités... même la coupe des cannes »*[240]. *« Nous avions intérêt à liquider cet employé dont l'activité était nulle, les compétences fort réduites, l'esprit très mauvais et qui constituait, avec son bazar, une verrue intérieure de Beauport qui n'aurait jamais dû exister si nous avions eu un*

[238] Voir annexe III dans la thèse. Lettre du 7 mars 1974 établie par J.GARRETA et envoyée à Messieurs M. ARDANT, P DUBOSCQ, A. PIGNON.

[239] Entretien avec monsieur Edmond-Villard Jalème, Port-Louis, septembre 2001.

[240] Source 15J 415-451 Correspondance.

directeur. La faute professionnelle qu'il a commise témoigne de son esprit. Il faut mener à son égard une action très violente, car il faut qu'il en soit fini avec cet esprit qui régnait à Beauport et qui faisait que nos employés pouvaient s'engraisser au détriment de la société et encore toucher une grosse indemnité quand on les renvoie pour faute professionnelle. Nous sommes décidés à aller jusqu'au bout dans tous les cas en cours »[241].

7.4 Les ouvriers de l'usine[242] et des champs[243]

Les ouvriers font partie du personnel que la direction contrôle le plus. Leurs salaires sont fixés au début de chaque campagne sucrière par l'administration. Le taux paraît au *« Journal Officiel »*. Leur vie est rythmée par la campagne sucrière[244] et par l'inter-campagne[245]. *« La campagne sucrière 2002 débutera le 11 mars en Guadeloupe continentale et le 02 avril à Marie-Galante. Les dates sont arrêtées, mais le prix de la tonne de canne n'est pas encore fixé. La campagne sucrière de 2002 sera plus courte, en raison de la forte sécheresse de l'an dernier. Mercredi les principaux acteurs du secteur se sont retrouvés pour une session du comité paritaire interprofessionnel de la canne et du sucre, à Jarry... »*[246]. Les ouvriers ont deux fonctions dans l'entreprise *Beauport*. Une fonction industrielle et une fonction agricole. Les appellations indiquent leur lieu de travail et d'exercice de leurs compétences. Les ouvriers de la chaufferie, les manœuvres de la chaîne à cannes, les wagonniers, les machinistes, les mécaniciens des aéromoteurs, les aides mécaniciens, les ouvriers de la distillerie, les cuiseurs, les croqueurs de cannes, les chauffeurs de générateurs. Ce type de personnel travaille en équipe de trois quarts[247]. Les ouvriers de l'usine bénéficient de congés par rapport aux ouvriers des champs qui n'en ont pas. Edmond-Villard, entré comme manœuvre à *Beauport,* analyse son ascension professionnelle : *« Comme je vous dis, je suis entré manœuvre alors je vais toujours connaître la douleur de quelqu'un qui doit bosser pour arriver au lieu de celle de quelqu'un qui est sorti du ciel et tombé sur votre tête pour vous*

[241] Source 18 J 211.
[242] Appelés aussi ouvriers industriels.
[243] Dits « les travailleurs », les « travailleurs agricoles » et parfois les ouvriers agricoles.
[244] Période de plein emploi qui se déroule généralement du 1er janvier au 30 juin.
[245] Période intermédiaire.
[246] E. PLANTE, « Guadeloupe, 11 mars coup d'envoi de la campagne sucrière », www.outremer.com, 19/11/2002.
[247] 3 x 8 heures de travail = journée de 24 heures.

commander. Pour bien connaître et être responsable, il faut passer par la sueur. Je n'étais pas un abuseur (...). Il fallait trouver de l'énergie tous les jours. Il y avait un certain rendement à faire par rapport à votre salaire. Il faut que le patron ait un gain d'au moins 10 à 15 % pour pouvoir conserver la vie de cette société-là. Comment voulez-vous dépenser 2000 francs et fournir moins de 2000 francs. C'est pour cela que je vous dis qu'il faut passer par là, avoir une certaine conscience professionnelle. (...)Il y avait certaines équipes qui étaient remarquables à l'usine car au moment de la guerre il n'y avait pas moyen de faire rentrer du bon matériel. C'est nous qui nous débrouillons pour faire des pièces pour faire marcher l'usine (...) Quand je vois le squelette debout là et tous nos jeunes qui sont en train de se balader partout, prendre de mauvaises routes. On ne retrouve pas les gens qui vous disaient de faire ci, faire ça. On ne les retrouve pas pour secouer les autres. Où sont-ils ?»[248]. L'ouverture de la campagne sucrière est symbolisée par le début de la coupe des cannes dont l'acteur principal est l'homme qui, à la force de ses bras et de son coutelas, coupe la canne plantée[249] et coupe les rejetons[250]. *« (..) Il coupe la canne à sa base, coupe sa partie terminale pauvre en sucre et enlève les feuilles fixées à la tige. Les tronçons de canne sont ensuite liés en paquets par un amareur, prêts à être chargés sur une remorque ou directement sur un camion»*[251]. L'usine a besoin d'un grand nombre de cannes. L'entreprise est donc obligée de récompenser ses meilleurs coupeurs. De cette façon, la compétition s'installe entre ouvriers des champs qui conservent leur motivation tout au long de la campagne sucrière. Les archives de la Société Anonyme des Usines de Beauport (SAUB) signalent les gratifications[252], les droits sur 65 litres de rhum et les sacs de coton donnés aux ouvriers des champs. Ces récompenses en nature compte tenu du type de produits offerts ne peuvent qu'aider à la propagation des maladies telles que le diabète et l'alcoolisme au sein du personnel ouvrier. Le coupeur de cannes forme un couple hétérosexuel et professionnel avec l'attacheuse[253] et la glaneuse[254] : *« Attacheuse,*

[248] Entretien avec monsieur Edmond-Villard Jalème, Port-Louis, Septembre 2001.
[249] Tâche qui se fait en 8 heures.
[250] 1er, 2e, ou 3e rejetons, tâche qui se fait en 5 heures.
[251] PH. FOURNET, *Idem*, 1982, p. 53.
[252] Dons de sucre ou de sirop de batterie.
[253] Femme qui a pour tâche d'attacher 350 paquets de cannes plantées ou 175 paquets de 3e rejetons.
[254] Femme qui ramasse les cannes coupées par le coupeur.

c'est lorsqu'un monsieur coupe la canne et que toi tu passes et que tu attaches après lui »[255]. *« C'était tout à la main. A ce moment-là c'était 334 paquets de cannes qu'il fallait attacher pour une journée. Pour la demi-journée c'est 154 (...). Dans mon équipe, il y avait 10 à 12 femmes »*[256]. *« Lorsque tu es glaneuse, tu passes après ceux qui coupent la canne. On te fait mettre par pile les petites cannes qui ne sont pas coupées ». « Au début on trouvait du travail facilement et on pouvait même faire deux métiers. Je travaillais comme attacheuse et après le patron m'a demandé si je voulais couper la canne. Alors j'ai commencé à couper la canne. Après une journée de coupe, j'attache la canne le lendemain (3 francs pour 334 paquets). L'après-midi, je retourne brûler la canne pour le patron. Il n'y avait pas beaucoup de gens qui voulaient faire ça après avoir travaillé le matin. Nous étions deux femmes. Après il y a eu le Cane Loader. On nous a donné 4 pieds de cannes. Il fallait nettoyer l'endroit où on mettait la canne, par exemple une pièce de 60 mètres. Il fallait mettre de l'engrais. Pour cela on avait un sac d'engrais sur la tête et un seau sous le bras. On semait dans les deux pieds : un pied à gauche et l'autre à droite »*[257]. En décrivant les différentes tâches qu'elle exécute, Théodora souligne la polyvalence demandée aux ouvriers des champs alors que cette catégorie de personnel est la plus défavorisée dans l'entreprise *Beauport*. L'arrivée du *« Cane Loader »*[258] ne supprime pas la division sexuelle du travail entre hommes et femmes. L'attacheuse ne suit plus la progression du coupeur qui la précède dans les champs. Ses nouveaux compagnons sont le sac d'engrais et le seau. Concernant son salaire Théodora déclare : *« Moi quand je suis rentrée la journée était à 7 francs. C'était petit. Mais que veux-tu ? Ensuite on a été augmenté. 7 francs mais on ne prenait pas la sécurité dedans. C'est après qu'on a mis la sécurité sociale. On a augmenté le travail, le prix ».*

Murielle : « Est-ce que vous aviez des congés ? »

Théodora : « Congés ? On n'avait pas de congés. Ce sont ceux qui travaillent à Beauport. C'est-à-dire ceux qui travaillent à l'usine qui avaient des congés. Mais nous les agriculteurs nous n'avions pas de

---

[255] Entretien avec madame Théodora Guimba, Port-Louis, février 1998.
[256] Ibidem, septembre 2001.
[257] Entretien avec madame Théodora Guimba, Port-Louis, septembre 2001.
[258] Machine qui sert à couper mécaniquement la canne à sucre.

congés. On était là sans cesse. Dès que tu as perdu une journée c'est toi qui es perdue. Ce n'est pas le patron. On travaille jusqu'au samedi.
Le dimanche tu restes chez toi. Si tu veux allez travailler le dimanche tu peux aller. Cela ne dépend que de toi. Le lundi tout le monde rentre au travail » [259].

Les ouvriers des champs travaillent dans des conditions proches de l'exploitation. Ils ne possèdent aucun avantage par rapport aux autres catégories de personnel de l'entreprise. Continuellement exposés au soleil et à la chaleur ils sont torses nus[260], courbés[261] et sans ressources face au pouvoir de décision de la direction de l'entreprise.

7.5 Les contractuels

Les colons-planteurs signent, pour six ans, un contrat de « colonage partiaire » qui leur permet de louer pour une somme forfaitaire une certaine quantité d'hectares de terres. Ce contrat permet à l'entreprise de faire cultiver ses terres les moins bonnes par le colon défini comme : *« Un cultivateur qui s'engage à exploiter en cannes principalement une parcelle de terre appartenant à l'usine. Pour cela, l'usine prélève un pourcentage du produit de la récolte du cultivateur. Le produit de l'exploitation est donc divisé en deux parts : une pour le propriétaire foncier, une autre pour l'exploitant direct. Ils sont donc associés par un système dit du colonat partiaire. La nature et le mode de prélèvement de la part de l'usine sont à l'origine de nombreuses contestations des cultivateurs ainsi associés à l'usine ».* L'entreprise récolte uniquement la matière première dont elle a besoin mais elle ne supporte pas le coût de la mise en valeur de ses terres les moins fertiles. L'acheminement des cannes jusqu'à l'usine est à la charge du colon. Au moment de sa livraison, le colon est payé au prix de revient de la tonne de cannes fixé par l'administration. La généralisation du contrat de colonage partiaire à *Beauport* a nécessité la création d'un service de gestion des colons-planteurs. En 1960, près de 2500[262] colons livrent leurs cannes à *Beauport.* Un fichier[263] établi par

[259] Ibidem.
[260] Les hommes.
[261] Les hommes et les femmes.
[262] Chiffre avancé par G. LASSERRE. Confirmé lors de la découverte sur le terrain du fonds privé de R. GAMA, *Port-Louis.*
[263] Fonds privé de R. GAMA.

l'entreprise lui permet de connaître l'identité des individus qui cumulent les statuts de colons et de planteurs. L'entreprise sait, quelle surface ils cultivent, dans quelle parcelle et quelle quantité de cannes ils fournissent à l'usine. Ce regard sur le degré de participation des contractuels au rendement industriel maintient le contrôle sur les terres y compris lorsque leur exploitation est confiée à des tiers. Une fiche cartonnée avec photo en noir et blanc mentionne l'identité complète de l'individu, les statuts (colon seul, planteur seul, colon-planteur), le numéro de matricule et tous les détails du contrat[264]. Au verso, le rappel du numéro de matricule du colon et les tonnages fournis. Le colon Koulanjean Tertullien dit Teisson, dont le matricule est 3.434 a signé son contrat le 21/11/44 pour une surface de 1hectare 50. Il n'a pas construit de case.

FIGURE N°9 FICHE DU COLON KOULANJEAN TERTULLIEN

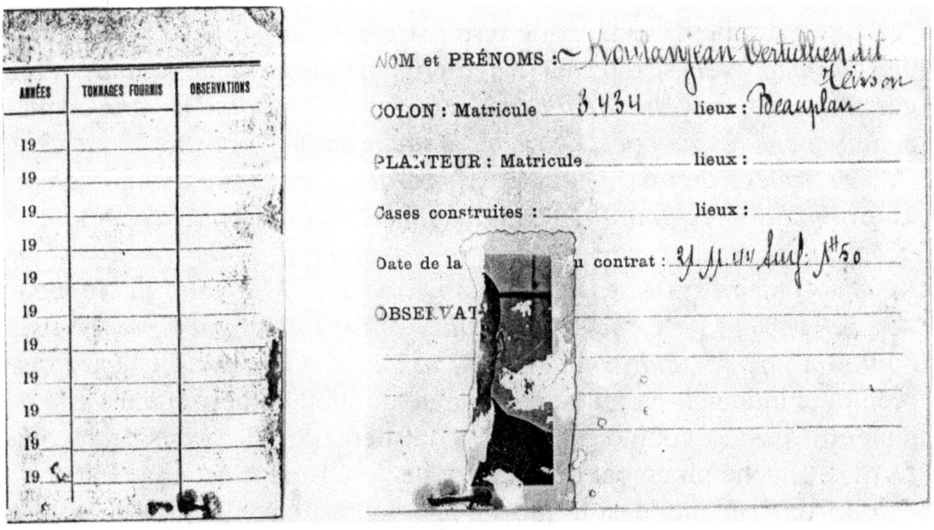

ANNÉES	TONNAGES FOURNIS	OBSERVATIONS
19		
19		
19		
19		
19		
19		
19		
19		
19		
19		
19		

NOM et PRÉNOMS : Koulanjean Tertullien dit Teisson
COLON : Matricule 3.434 lieux : Beauplan
PLANTEUR : Matricule lieux :
Cases construites : lieux :
Date de la ... contrat : 21.11.44 Surf. 1h50
OBSERVAT...

Source : Fonds privé de Raymond GAMA. L'existence du fonds composé de 2500 fiches a été révélée par ce Docteur en Histoire, auteur d'une thèse sur *Beauport*.

Le colon ne possède pas la terre qu'il cultive pour le compte de l'entreprise. Par conséquent l'entreprise ne l'autorise pas à construire de manière définitive sur cette terre. Elle ne le fixe pas dans un lieu

264 Le lieu de culture, l'éventuelle case construite, le lieu de sa construction, la date de la signature du contrat, la surface attribuée.

parce que son intérêt est de maintenir, à tout prix, sa mobilité dans le territoire. Le contrat de colonage partiaire mentionne l'obligation d'obtenir une autorisation écrite pour construire une case posée sur roches de même que l'obligation d'enlever la dite case à l'expiration du bail. Si la détention de l'acte de propriété permet au patron de déplacer les colons-planteurs, cette stratégie n'enlève rien à leur capacité d'adaptation. La case « posée sur roches » est une création issue des liens économiques qui unissent le patron et le colon-planteur. Si ce dernier ne possède pas la terre, il choisit de posséder au moins sa case. Son statut le rend inventif. Il personnalise son aspect extérieur et intérieur, il se lie affectivement à elle puisqu'elle l'accompagne dans ses déplacements imposés d'un lieu à un autre.

Les contractuels sont payés sur la tonne de cannes livrée à l'usine. Le fournisseur est assuré d'un revenu minimum qui signale l'adoption d'une politique protectionniste. Cette nouvelle mesure fait suite aux protestations des contractuels. Si elle améliore un peu leur sort elle fragilise en revanche l'industrie du sucre.

CHAPITRE 8
L'expression de la protestation

La structuration socioprofessionnelle en vigueur dans l'entreprise *Beauport* regroupe les individus qui ont en commun une profession, un mode de travail, un revenu, un type de logement. Ce sont ces personnes qui peu de temps après la célébration du tricentenaire du rattachement des colonies à la France prennent conscience, peut être grâce aux festivités, de leur contribution à la richesse de la France. Cette prise de conscience succède au mouvement de revendication sociale initié par le Front Populaire dans l'hexagone. Le syndicat dit des *« travailleurs de Port-Louis »* est créé dans ce contexte d'application de la réforme du Front Populaire : *« ce syndicat est fondé en novembre 1936 par maître Borifax, avocat à Basse-Terre»*[265]. Compte tenu de l'âge des anciens de *Beauport* interrogés sur le terrain plusieurs allusions à la grève de 1936 ainsi qu'à celle de mars-avril 1946 sont faites. La grève de 1946 démarre dans un contexte difficile, non seulement à la Guadeloupe mais aussi en Europe et dans le monde. Les revendications des grévistes portent principalement sur les conditions de travail et les salaires. La naissance d'une conscience de classe est visible dans les passages à l'acte des plus défavorisés (séquestration du patron, des cadres, incendie de champs de cannes).

8.1 La naissance d'une conscience de classe

La reconstruction après-guerre entraîne la réquisition des usines guadeloupéennes par l'Etat qui leur ordonne de fabriquer. Tous les bras disponibles sont mis à contribution à la Guadeloupe afin de nourrir tous les ventres de l'hexagone. La structure syndicale choisit ce besoin impératif du sucre des usines guadeloupéennes pour passer à l'action : *« Le président et le trésorier, (...) ne sont pas étrangers aux évènements qui se sont déroulés au cours de la grève des coupeurs à l'usine Beauport. Jusqu'à ce jour, aucune preuve matérielle n'a pu être recueillie concernant leur action sur le moral des grévistes. Une surveillance attentive et discrète sera exercée par la brigade sur ces individus, dont les agissements tendancieux feront, le cas échéant, l'objet de nouveaux rapports »*[266]. Grâce aux archives, l'identification du personnel gréviste est possible. Il s'agit du personnel ouvrier et

[265] Source liasse 2618, rapport du gendarme Mesleard Jean, Port-Louis le 24 février 1937.
[266] Source liasse 2618, Idem.

plus précisément des coupeurs qui en raison de leur action sont surveillés discrètement par la brigade et font l'objet de rapports. C'est vraiment dommage que l'on ne sache pas de quelle brigade il s'agit. Peut-être celle de la gendarmerie ? Peut-être aussi qu'il s'agit d'une brigade interne formée pour des actions ciblées de surveillance du personnel gréviste. La seule certitude c'est que cette demande de surveillance ponctuelle émane de la direction. Les conséquences économiques de la grève sont vite évaluées : ouverture tardive de la récolte, manque envers la collectivité française. Ce qui surprend c'est la non référence aux motifs de la grève alors que l'évaluation des conséquences économiques est immédiate. La gestion du conflit est confiée au leader syndical qui choisit de communiquer avec le personnel ouvrier dans la cour de l'usine. Informée des évènements, la direction reçoit des menaces et décide de faire appel aux gendarmes : *« A quatre heures du matin samedi, GOUNO se présentait dans la cour de l'usine et demandait au garde d'aller chercher les travailleurs pour les réunir dans la cour. Le garde refusait. Prévenus, nous allâmes demander à GOUNO ce qu'il désirait : il nous dit que c'était une provocation d'obliger les ouvriers à travailler un 1er mai... »*[267]. Le conflit met en interaction les syndicalistes, les grévistes et les patrons. Trois groupes d'individus qui évoluent au sein de la même entreprise. Les syndicalistes cherchent à toucher le moral des grévistes afin de maintenir la pression et de défendre ceux qui ne détiennent pas le capital. En face, les patrons utilisent leur pouvoir et les moyens que l'autorité coloniale veut bien mettre à leur disposition pour que la grève perturbe le moins possible l'activité de l'entreprise. Un peu prisonnier de ces deux stratégies dominantes le personnel gréviste tente de résister aux pressions du patron. L'action collective a pour but d'améliorer les conditions de travail dans l'entreprise. Ce faisant, la protestation s'exprime de plusieurs manières.

8.2 Les modes de protestation et les revendications

L'incendie des champs de cannes « d'habitation » est souvent constaté en période de grève même si les télégrammes et rapports n'établissent pas par écrit le lien entre le conflit en cours et ces incendies. L'incendie est le plus souvent rapporté par un géreur « d'habitation » auprès de son inspecteur de centre agricole. Ce dernier se présente alors à la brigade de gendarmerie pour solliciter une enquête qui ne

[267] Note pour le siège social.

permet pas toujours d'établir les causes de l'incendie : *« L'enquête faite immédiatement, n'a pu permettre d'établir si l'incendie est dû à la malveillance ou à une imprudence, les feuilles étant très sèches et s'enflammant facilement »*[268]. Un télégramme ou un rapport établi par la gendarmerie sont parfois transmis au gouverneur : *« La nuit dernière incendie 1 ha ½ cannes habitation Bertaudière. 1000 Frs dégâts-Stop-Cause inconnue »*[269]. Les dégâts causés cachent parfois une véritable stratégie d'embauche de la part des ouvriers des champs restés sur le carreau : *« Soixante tonnes de cannes couvrant une superficie d'un hectare et demi environ ont été brûlées et ont perdu un quart de leur valeur, soit, d'après les dires de M. Tilby, un préjudice de mille francs environ. La main d'œuvre étant actuellement trop nombreuse, M. Tilby croit que cet incendie est le fait d'un individu qui démuni d'argent à l'approche des fêtes de Pâques aura voulu se faire employer par ce moyen, car pour ne pas perdre les cannes brûlées, un nombre plus important d'ouvriers devra être employé… »*[270]. La séquestration et les menaces à l'encontre de la direction, des cadres et des géreurs aboutissent à l'abandon des propriétés : *« Honneur vous informer travail arrêté ce matin encore sur habitation BEAUPORT, à la suite intervention grévistes ; stop-géreurs habitation SANS FENETRE et BERTHAUDIERE, ANSE-BERTRAND décidé d'abandonner jusqu'à nouvel ordre leur propriété en raison de menaces reçues »*[271]. Parmi les autres formes de protestation sociale on trouve aussi les actes de vandalisme: *« Dans la nuit du 4 au 5 mai des actes de vandalisme furent commis sur les clôtures des hattes nouvellement créées sur les habitations. La hatte de Philisbourg était détruite entièrement, les fils tronçonnés en morceaux d'un mètre, les poteaux arrachés et brisés en plusieurs morceaux. Ce travail s'il avait été commandé par nous, aurait nécessité une cinquantaine d'ouvriers pendant 8 heures. Nous avons porté plainte et fait faire un constat par huissier. En même temps nous demandions la protection de la gendarmerie pour les nuits suivantes »*[272]. Face à ces menaces verbales qui peuvent devenir des menaces physiques la direction de l'entreprise fait constater les actes de vandalisme par huissiers et demande la protection des gendarmes. Elle évite ainsi, les atteintes

---

[269] Source liasse 6218, télégramme du 20/03/1937.

[270] Source liasse 6218, rapport du gendarme Laheurte, commandant de brigade de l'Anse-Bertrand.

[271] Source liasse 6218, télégramme du 8/02/1937 reçu à 16 heures.

[272] Note pour le siège social.

physiques aux personnes et conserve la preuve des difficultés rencontrées sur le terrain à une date donnée et dans un lieu précis du territoire de l'entreprise. Le choix des lieux n'est pas neutre car il révèle quels acteurs de la structuration socioprofessionnelle expriment leur mécontentement par la grève. C'est un moyen efficace d'exercice des pouvoirs sur le territoire pour dire où se situent les problèmes et qui les rencontre. Le conflit entre la direction et les ouvriers est visible sur les « hattes »[273]. Edmond-Villard témoigne de son vécu : *«La grève démarrait principalement dans les champs de cannes. C'était le mécontentement des syndicats et au niveau de l'agriculture. Et puis cela s'est prolongé jusqu'à ce que cette équipe-là est venue nous trouver à l'usine pour arrêter l'usine. Ils ont fait à l'époque une sorte de scission entre les coupeurs de cannes, parce qu'il y avait les grands planteurs, entre les coupeurs de cannes des grands planteurs avec des ouvriers pour faire marcher l'usine. On pouvait redémarrer ».*

Murielle : « Donc, il y avait des revendications ».

Edmond-Villard : *« Oui et à cette époque-là, je n'avais jamais compris ce que mon directeur général en la personne de Monsieur Filloux avait dit. Il m'a rencontré dans la cour de l'usine. Il m'a dit Jalème, vous voyez ce qui se passe là et bien si cela continue vous savez ce que l'on va faire. Eh bien nous allons prendre les papiers et vous laisser le squelette debout et vous allez vous débrouiller avec. Moi je n'avais jamais pensé que cela serait arrivé »*[274]. L'arrêt de l'usine est un moment fort en période de grève. Il symbolise l'alliance du personnel agricole et du personnel industriel contre la direction de l'entreprise. La fumée ne s'échappe plus de la cheminée de l'usine car le feu est ailleurs. Les flammes crépitent dans les champs de canne, le boucan allume les esprits des ouvriers, l'incendie menace le pouvoir des patrons. Les plus motivés sont ceux qui sont le plus bas dans la structuration socioprofessionnelle c'est-à-dire les ouvriers des champs. Ils ne sont pas satisfaits de leurs conditions de travail et de leurs salaires. Les revendications portent sur le mode de travail (journée continue de 8 heures pour tous), sur les avantages liés au statut de salarié (création de comité d'entreprise, application de la

[273] Petit enclos pour l'élevage. Les Hattes sont indiquées sur la carte du domaine agricole de Beauport faite par Guy LASSERRE, voir première partie dans la thèse.
[274] Entretien avec Edmond-Villard Jalème, Port-Louis, Septembre 2001.

sécurité sociale, délivrance de la feuille de paye), et sur l'amélioration des conditions de travail pour ménager la santé du personnel ouvrier. Les rapports du gendarme Jean Mesleard montrent bien qu'une des revendications constantes des ouvriers des champs porte sur le choix de leur mode de travail. Les coupeurs de cannes sont ceux qui revendiquent le plus le libre choix de leur mode de travail : « Toute latitude ayant été laissée, par la Direction de l'usine, aux coupeurs pour choisir le mode de travail qui leur convenait le mieux, presque tous ont opté pour le travail à la tâche ; ceci malgré l'avis des directeurs de syndicats des travailleurs. Ces derniers préconisent le travail à la journée et demandent de faire intervenir un autre facteur, celui des heures supplémentaires. Pour la commune de Port-Louis, le président de ce syndicat, Mr Dahomey, conseiller municipal et le trésorier, Mr Nodanges, 2ième adjoint au Maire, parcourent les campagnes. Ils voient individuellement les travailleurs, mais ne font aucune conférence publique. Ils les incitent à se conformer aux ordres du syndicat. Les conseils qu'ils donnent aux ouvriers, syndiqués ou non, ne sont guère suivis. D'après les renseignements recueillis près de bon nombre d'entre eux, il résulte que le travail à la journée de huit heures, est considéré par les travailleurs des champs comme un retour vers l'esclavage. Ceux-ci préfèrent le travail à l'entreprise, ce qui est plus avantageux, puisqu'un coupeur consciencieux arrive à faire plus de deux cents paquets de cannes dans sa journée »[275]. Deux possibilités existent. Le travail à la tâche (appelé aussi travail à l'entreprise) et le travail à la journée. L'autre rapport du gendarme Mesleard qui porte sur la mise en route de l'usine *Beauport* a été fait à Port-Louis le 17 février 1937 : *« Beauport en route ce matin cinq heures sans incident ». « Monsieur Damoiseau, directeur de l'usine Beauport a fait allumer les feux des générateurs, hier dans l'après-midi, vers quinze heures, en vue de la mise en route pour le 17 courant. Aujourd'hui à quatre heures, le personnel du premier quart s'est présenté au complet pour la prise du travail. De nombreux curieux assistaient à la mise en route qui a eu lieu sans incident, et à cinq heures trente, le broyage des cannes a commencé... »*[276]. Les syndicats demandent que les tâches soient fixées d'après le système de la coupe à la longueur.

---

[275] Source liasse 2618, rapport du gendarme Mesleard Jean, Port-Louis le 17 février 1937.
[276] Source liasse 2618, Idem.

Les faits relatés tant sur la conduite des salariés que sur la stratégie du patronat témoignent de la complexité des relations interpersonnelles à l'intérieur de l'entreprise *Beauport.* Ces relations servent l'intérêt économique général mais elles ne perdent pas pour autant leur charge affective qui peut facilement brouiller les pistes. Ce n'est pas facile de se présenter tous les matins à son poste ni de s'imposer face à ses salariés. La bonne marche de l'entreprise *Beauport* repose sur des paramètres culturels et sociaux.

La vie sociale met les individus en relation, alors que le rendement industriel les pousse dans l'entreprise à se cloisonner dans leurs tâches afin qu'ils soient le plus efficaces possible à leur poste. A ces contradictions s'ajoute la difficulté de se comprendre quand on vient de pays différents et qu'un groupe exerce sa domination sur un ou plusieurs autres groupes. Il va tout de même falloir faire avec et faire ensemble parce que ce qui fait la particularité de l'entreprise *Beauport* c'est que tout se passe au même endroit. Les dirigeants ne pensaient pas devoir affronter la résistance physique, intellectuelle et culturelle de ceux qui ne possèdent rien et qui démontrent qu'ils ont suffisamment pour protester. La transformation sociale provient de l'organisation de l'inattendu. De cette adaptation de l'un à l'autre, du réajustement des conduites face à la différence. L'inattendu transforme la société caraïbe en une société pluriculturelle où chacune de ses composantes demeure visible. La société se transforme parce qu'elle subit la force d'existence et de transcendance de ses acteurs. La Guadeloupe est petite. Les liens qui s'y créent sont tout de suite testés car il n'est pas nécessaire de parcourir de longues distances pour se rapprocher physiquement les uns des autres. Ce n'est donc pas la distance d'un lieu à un autre du territoire qui sépare les individus mais bien les statuts et fonctions qui leur sont attribués dans les lieux aménagés par la main de l'homme. L'individu circule avec son statut juridique et sa fonction sociale qui bien plus que des compagnons de route deviennent les marqueurs de son identité. L'individu ne choisit ni sa vie ni son lieu de vie puisqu'ils sont dictés par son statut dans l'entreprise. Ce secret a été percé très tôt par ceux qui organisent l'espace et les activités. De manière subtile mais volontaire, ils conditionnent les comportements humains. *« Jamais une société n'expire avant que soient développées toutes les forces productives qu'elle est assez large pour contenir ; jamais des rapports supérieurs de production ne se mettent en place avant que les conditions matérielles de leur existence se soient écloses dans le sein même de la vieille société...»277* La création des conditions matérielles ou morales est soumise aux actions collectives ou individuelles. Félix Eboué, en tant qu'acteur politique, va créer les conditions du changement dans la tête des libres coloniaux qu'il gouverne. Le gouverneur de la Colonie s'adresse au personnel des champs et des usines par l'intermédiaire de la radio[278] . Les ouvriers des champs et des usines sont invités *« dans l'intérêt supérieur de la nation à reprendre le travail (...) »*[279]. Mais le gouverneur reconnaît que la mise en route des usines ne dépend pas seulement du personnel ouvrier. *« Les principales sociétés sucrières ont voulu prendre l'avis de leurs sièges qui sont dans la Métropole. Des semaines ont été ainsi perdues en pourparlers. Cette situation ne peut cependant durer davantage sans porter un grave préjudice à l'intérêt général. Devant les impérieux besoins de la Métropole en sucre, denrée de première nécessité, je ne saurais raisonnablement tolérer que la récolte reste sur pied, entraînant une perte de richesses pour la nation toute entière et pour la Guadeloupe en particulier... »*[280].

La grève a le pouvoir de mettre en relation l'autorité coloniale et les ouvriers dont la fonction économique dépasse largement les frontières du territoire de la Colonie puisque l'arrêt du travail peut déstabiliser le marché du sucre. Félix Eboué va prescrire, en pleine période de protestation sociale, une enquête dans l'entreprise *Beauport*. L'objet de cette enquête est de le renseigner sur : *« Les conditions de travail ainsi que sur les motifs réels des nouvelles menaces de grève, dans les endroits signalés »*[281]. Les premiers résultats montrent que : *« Les clauses de l'arbitrage du 24 janvier 1937, de même que celles de l'accord particulier conclu entre votre société et les ouvriers, ne sont pas suffisamment observées par vos employés chargés de les appliquer sur les propriétés de l'Usine. C'est ainsi que sur l'Habitation Sylvain par exemple, certains travailleurs se voient refuser absolument le travail à la journée, tandis qu'il a été convenu d'accord parties que le choix entre les deux modes de travail à*

---

[277] Public Health, Eighth Report, 1866 cité par F. CHOAY, *L'urbanisme, utopies et réalités une anthologie*, Editions Le Seuil, 1965. p. 193-194.

[278] Nouvel appel radiodiffusé adressé le 2 mars 1945 par M. le gouverneur Pierre.

[279] Sous série 2 M dossier sucre et rhum questions sociales 1945, liasse 6220, Bisdary.

[280] Sous série 2 M, Idem.

[281] Source 6218. Lettre du 22 mars 1937 écrite par Eboué et adressée à Monsieur le Directeur de l'usine Beauport.

l'entreprise ou à la journée serait laissé aux travailleurs... »282. Félix Eboué, représentant de l'autorité coloniale dans le territoire insulaire de la Guadeloupe, s'intéresse aux conditions de travail du personnel ouvrier de l'entreprise *Beauport.* Il fait usage de sa haute fonction politique pour amener la tête de la hiérarchie de l'entreprise *Beauport* à respecter les accords convenus afin qu'aucune partie ne soit lésée. Il a un rêve faire des libres coloniaux des personnes à égalité avec les citoyens français de l'hexagone. Par ses actes et ses messages, il se solidarise avec le peuple guadeloupéen qu'il administre mais veut surtout faire régner le principe d'égalité. Il descend dans la foule, établi un contact direct avec la population et conseille aux Guadeloupéens de jouer le jeu c'est-à-dire de s'élever dans la société, de piétiner les préjugés et de baser l'échelle des valeurs uniquement sur les critères de l'esprit. Lorsque les représentants des deux parties en conflit n'arrivent pas à se mettre d'accord au sein de la commission consultative, sur la fixation des salaires de la récolte sucrière de 1945, le gouverneur sert d'intermédiaire pour arbitrer le conflit. Mais quels intérêts sert-il ? Ceux des employeurs ou ceux du personnel ? A priori ceux des deux puisqu'il s'adresse aux deux : *« J'ai annoncé publiquement, au cours d'une conférence de presse, mon intention d'arbitrer le conflit en majorant les salaires de 1935 du coefficient 3,5. J'ai déclaré alors que si l'accord momentané intervenu à Capesterre, entre représentants patronaux et ouvriers, avait fixé des salaires correspondant au standard de vie auquel peuvent légitimement prétendre les travailleurs guadeloupéens... »*[283]. Ce discours tenu par le gouverneur permet de se rendre compte du jeu des acteurs politiques de la colonie. L'administration coloniale prend des mesures qui prouvent qu'elle a le pouvoir de mettre fin au conflit qui dessert l'intérêt général. La campagne sucrière est la période la plus importante dans la vie économique de la colonie. Par conséquent, il n'est pas souhaitable que les conflits perdurent à ce moment-là. Il faut aboutir à des compromis et à des accords collectifs. D'autant plus que les efforts conseillés par la métropole à la colonie protègent considérablement la production locale. L'achat du surplus de rhum afin de maintenir l'équilibre financier des entreprises qui le produisent sur place à la Guadeloupe le confirme. *Le Nord Grande-Terre est considéré comme la partie de la Guadeloupe où la protestation*

282 Source 6218, ibidem.
283 Source liasse 6220, Bisdary.

ouvrière s'est exprimée le plus tôt et le mieux. En effet, la détention d'intérêts économiques amène les usiniers à abuser de leur autorité. L'industrialisation perpétue le jeu économique inégalitaire dans lequel les ouvriers et les patrons sont des partenaires. Tant que les statuts juridiques maintiennent la ségrégation, la solidarité permet surtout de rester en vie... »[284].

L'Européen du 18ième siècle est libéré ce n'est pas le cas de l'Africain qui lui au contraire est mis en esclavage. Ce qui le sauve c'est la division du travail qui l'atteint dans son statut d'esclave. Si son phénotype lui fait perdre son humanité et sa liberté, la division du travail en fait un acteur de l'importation de la modernité en dépit de la ségrégation qu'il subit. La participation de l'esclave à la modernité est la conséquence de la nouvelle organisation du travail dans l'entreprise *Beauport*. L'exploitation capitaliste de l'esclave lui fait une place dans la modernité industrielle. C'est pour cette raison que la transformation sociale a toujours concerné toutes les franges de la société coloniale, esclavagiste et ségrégationniste. L'interaction fonctionne entre les intérêts économiques des fondateurs de la société coloniale et les acteurs mis au service de ces intérêts à la Guadeloupe. Cette dynamique permet de détruire la société caraïbe. La société coloniale, esclavagiste et ségrégationniste et la société coloniale, post-esclavagiste et ségrégationniste sont les deux premiers types de société nés de la transformation sociale. La présence d'un concentré d'hommes venus d'ailleurs produit ce que les auteurs de la littérature antillaise nomment la créolité[285]. *« La génération des romans antillais des années 1980 et 1990 nous en livre de nouveaux fleurons. Expression la plus récente de ce courant d'idées au plan littéraire, l'éloge de la créolité se présente comme un appel à dépasser l'identité imposée et à retrouver dans les mélanges de la créolité et dans un cadre plus vaste que celui des îles les ferments d'une démarche identitaire plus féconde : « ni Européens, ni Africains, ni Asiatiques, nous nous proclamons créoles... »*[286]. La créolité n'est pas naturelle. Il s'agit d'un résultat provenant du choc pluriculturel. Compte tenu de ce constat, la stabilité de ce type de société repose sur la qualité des

---

[284] F. CHOAY, *Idem*, 1965, p. 410.

[285] Lire à ce propos : J. BERNABE, R. CONFIANT, P. CHAMOISEAU, *Eloges de la créolité*, réédition franco-anglaise, Gallimard, 1992, 130 p.

[286] Cité par J-P GIORDANI, *Ibid*, 1996, p. 143. Extrait du livre de J. BERNABE, R. CONFIANT, P. CHAMOISEAU, *Idem*, 1992.

relations interpersonnelles. Lorsqu'un projet s'adresse à des hommes, peu importe le lieu d'expérimentation et la société d'implantation, le phénomène d'interpénétration et d'ajustement est inévitable. L'aménagement territorial est le premier indicateur du changement. La qualité de la rencontre entre les hommes détermine ensuite le mode de transformation sociale. Dans le cas de la société coloniale, esclavagiste et ségrégationniste, le mode privilégié a été de nature économique et juridique. Ce choix politique sert les intérêts de ceux qui détiennent du capital contre ceux qui n'en ont pas. C'est classique de la part d'un chef d'entreprise capitaliste qui semble oublier que son entreprise n'est pas viable sans recrutement de personnel. La dimension sociale du projet, même si elle n'est pas prioritaire dans le montage financier et politique de ce dernier, est incontournable. Autrement qui réalise ce projet et dans quel but ? Ce qui frappe à *Beauport* c'est que la protestation part du personnel le plus nombreux mais le moins avantagé dans la structuration socioprofessionnelle. Si les ouvriers protestent contre leurs conditions de travail dans l'entreprise, les dirigeants de *Beauport* ne protestent pas contre le refus de tout pouvoir de commercialisation de la part de l'Etat. *Beauport* a donc ouvert la totalité de l'île Grande-Terre à la mondialisation du commerce du sucre de canne sans jamais commercialiser elle-même sa production.

Quel est le coût de la transformation sociale dans la violence, le chaos et l'exil ?
Comment sortir *Beauport* du « balan » de la mondialisation ?

En conclusion de la deuxième partie, nous pouvons affirmer que la transformation sociale est précédée d'un nouveau type d'aménagement territorial. L'appropriation coloniale des îles de Guadeloupe annonce le passage de la société caraïbe à la société coloniale, esclavagiste et ségrégationniste. L'aménagement territorial des « habitations-sucreries » en usines annonce le passage de la société coloniale, esclavagiste et ségrégationniste à la société coloniale, post-esclavagiste et ségrégationniste. L'attribution du statut de département d'outre-mer à la Guadeloupe annonce le passage de la société post-esclavagiste à la société civile républicaine centralisée. Plus la politique d'aménagement territorial rend spécifique les îles de Guadeloupe et plus le marché du sucre oblige la colonie à produire ce que la métropole n'a pas. L'aboutissement à : *« La mondialisation c'est-à-dire à l'inscription de toutes les sociétés dans une histoire unique, est indissociable de la constitution des empires coloniaux »*[287]. Ces contraintes économiques justifient la transformation sociale qui a un coût. Peut-on faire comme si les îles de Guadeloupe sont inhabitées tandis que les Caraïbes imprègnent ces petits territoires de leur présence, de leur sang et de leur sueur ? Leur massacre relève avant tout du nouvel ordre économique. C'est Schengen avant la lettre ? Leur résistance, leurs grottes et leur réserve dans l'île de la Dominique prouvent que la perte de la vie n'est pas la disparition de la culture. La toponymie est un bon indicateur pour retrouver les acteurs en mouvement et les relier au passé des lieux qui composent le territoire de l'entreprise *Beauport.* L'absence de traces ne signifie pas non existence. L'absence amène l'interrogation de la tragédie. Quels faits sociaux provoquent l'absence ? Qu'est ce qui se joue dans ces lieux ? Qui survit à la violence, au chaos et à l'exil ? Les réponses arrivent par la force du discours des acteurs en mouvement. Au lieu de driver de tête en tête cette force est vivante au milieu de nous. Rechercher, rassembler les preuves ne suffisent plus. Il faut raconter le Tout Beauport pour plus tard ramasser cet héritage. L'industrialisation de la Guadeloupe condamne la société coloniale, esclavagiste et ségrégationniste mais lorsque le décret d'abolition de l'esclavage est voté, le souci pour les détenteurs de capitaux n'est déjà plus d'utiliser une main-d'œuvre esclave ou pas mais bien d'organiser la production de masse quelques soient les conditions de travail de cette main-d'œuvre et quel que soit son statut. L'industrialisation est universelle puisqu'elle s'applique partout y compris dans une société coloniale, esclavagiste et ségrégationniste. Sur le terrain, l'universel produit du particulier. C'est un effet inattendu mais l'exemple de *Beauport* en est la preuve. Au contact de la société caraïbe ce qui vient d'ailleurs se métamorphose au lieu de s'imposer comme seule alternative. La création d'une société pluriculturelle ne correspond pas à la volonté politique. Les acteurs en mouvement sont solidaires et transcende leur destin tragique dans cette partie du monde paradisiaque. Le résultat est le « graj » de la mondialité. La petite superficie des territoires rapproche les individus que l'autorité coloniale souhaite séparer par des statuts ségrégatifs. Ils sont kolé-séré car la séparation des hommes est une utopie c'est-à-dire : *« Une vue politique ou sociale qui ne tient pas compte de la réalité »*[288].

---

[287] PH. MOREAU DEFARGES, Ibid, 1998, p. 12.

[288] A. REY, *Ibid*, 1994, p. 1054.

La première partie de la thèse a mis en évidence le but de la nouvelle politique d'aménagement territorial. Cette deuxième partie a permis de connaître le coût de la transformation sociale. Dans la troisième partie qui va suivre la question est de savoir est-ce qu'il est possible de sortir *Beauport* du « balan » de la mondialisation ? Pour y répondre, nous avons choisi de comparer les entreprises *Menier* et *Beauport* de 1816 (date de fondation de la maison *Menier*) à 2002 (date de proposition de classement au patrimoine mondial de l'Unesco). La volonté dans la thèse est de maintenir *Beauport* en position avant-gardiste. Le bornage en 2002 témoigne de la précaution prise pour ne pas faire de *Menier* un deuxième sujet car le défi est toujours de raconter le Tout Beauport. Pourquoi avoir choisi l'entreprise *Menier* ? Parce que, comme à *Beauport*, ce patronyme donne naissance à l'entreprise *Menier*, modèle d'aménagement territorial et de transformation sociale, qui crée ce que j'ai choisi de nommer dans la thèse le système de la plantation industrielle. Parce que ce système s'organise autour d'une production exclusive celle du chocolat. Parce qu'à la base de cette production il y a le sucre. Ce besoin en sucre amène dans l'entreprise *Menier* : les champs de betterave, les sucreries-raffineries dans les départements de la Somme[289] et de la Seine et Marne[290], les plantations de cacaoyers[291] et de cannes à sucre au Nicaragua, la flotte marchande constituée de plusieurs trois-mâts-barque (*Le Cruzerio, l'Emile-Menier, le Noisiel II, le Claire-Menier* et *Le Belem*[292]*)*. Comme *Beauport*, *Menier* est un cas spécifique avec son « domaine propre » qui correspond à la réserve foncière conçue pour approvisionner, exclusivement, l'usine en sucre. Cette entreprise est aussi un exemple de longévité qui existe à travers son histoire, ses territoires[293] et ses acteurs en mouvement qui l'entraînent dans le « balan » de la mondialisation. L'entreprise *Menier* n'est pas créée dans une société coloniale, esclavagiste et ségrégationniste mais à l'origine dans une société métropolitaine, civile, républicaine et centralisée. Les similitudes de systèmes de production et les différences de lieux d'implantation entre ces deux entreprises rendent la comparaison pertinente. Si *Beauport* n'est plus une « cathédrale morte » mais un observatoire pour étudier

[289] A Roye.
[290] A Villenoy et à Lizy-sur-Ourcq.
[291] Appelées *Valle Menier* et *San Emilio.*
[292] 33 campagnes de 1896 à 1914.
[293] La France, le Nicaragua, le Vénézuela, le Canada.

l'interaction entre aménagement territorial et transformation sociale, l'entreprise *Menier,* dont le cœur est *le Moulin Saulnier dit « la cathédrale »*, est un observatoire pour comparer le système de la plantation industrielle à la Guadeloupe à celui de la métropole. En métropole, l'urbanisme progressiste est porteur d'une nouvelle organisation spatiale de la ville où les Utopistes créent les Phalanstères pour regrouper autour d'un hôtel communautaire les bâtiments industriels, et où les Hygiénistes souhaitent avant tout améliorer l'habitat populaire. Mais la politique d'aménagement territorial n'a qu'un seul but sédentariser les ouvriers dans l'entreprise *Menier* et les ouvriers de l'usine et des champs dans l'entreprise *Beauport.* Les bras sont là où on en a le plus besoin. Les mêmes avec des statuts différents sont en train de faire les mêmes choses.

La période[294] d'acquisition des terres au Nicaragua sera évoquée dans l'aventure *Menier* car c'est elle qui rend comparable le système de la plantation industrielle d'une entreprise à l'autre. Plusieurs pays sont concernés par le projet des dirigeants de l'entreprise *Menier* : la France, le Nicaragua, le Canada. Mais pour *Beauport* et *Menier* le sucre et le chocolat sont les seuls motifs d'exercice des pouvoirs et d'exploitation des ressources du territoire. Cette dynamique a des conséquences. *Menier* et *Beauport* sont prises alors dans le « balan » de la mondialisation. La comparaison entre la transformation des cannes à sucre et celle des fèves de cacaoyers permet la vérification de nouvelles hypothèses : le système de la plantation industrielle est-il exportable ? Si oui, dans les mêmes conditions qu'à *Beauport* ? Quel est le devenir de *Menier* ? Cette entreprise est-elle sortie du « balan » de la mondialisation ? A la lumière de l'exemple *Menier*, qu'en est-il à *Beauport* ? Peut-elle sortir du « balan » de la mondialisation ? Si oui, comment ? Dans les deux cas, est-ce que ça veut dire lutter contre des forces qui propulseraient ces lieux à une échelle globale ? Est-ce que c'est un mouvement qui se fait de toute façon parce que l'activité n'est plus ce qu'elle était ? Ou bien est-ce une évolution que des observations de la situation pourraient appeler de leurs vœux ? Si oui, pour quelles raisons ? Si l'exil a constitué une gêne au moment du choix du sujet de thèse, le dépassement de ce qui entrave toute création aboutit au choix de *Menier* pour la comparaison avec *Beauport* malgré la charge émotionnelle liée à mon cursus

[294] A partir de 1860.

universitaire et à mon parcours professionnel. En effet, l'obtention de ma maîtrise à l'Institut Français d'Urbanisme (IFU) à la Cité Descartes à Champs-sur-Marne et mon recrutement au sein du Service Développement & Territoire[295] de la Commune de Serris en Seine et Marne créent des liens historiques avec ma nouvelle terre d'accueil : l'Est Parisien.

La visite de l'ancienne usine *Menier* est un souvenir mémorable à l'origine de l'idée d'une comparaison entre *Beauport* et *Menier.* C'est un ancrage pour la valorisation de la thèse et un chemin de vie qui donne du sens à ce travail de recherche qui arrive à son terme et qui a un coût. Quitter la Guadeloupe pour la Métropole impose la traversée de l'Atlantique. C'est revivre symboliquement le *« Passage du milieu »*[296]. Comparer *Beauport* à *Menier* c'est partir de la parcelle 597, puis oser faire un détour par le chocolat pour l'analyse du passage du local au global, pour enfin revenir à la parcelle 597. A la lumière de l'exemple de *Menier* c'est la compréhension du cas *Beauport* qui est recherchée dans cette troisième partie qui se compose de trois chapitres. Le premier chapitre porte sur *Menier* en tant qu'exemple de la mondialisation à partir des fèves de cacaoyers. Il s'agit d'interroger les territoires de cette entreprise à partir de l'aménagement du moulin *Saulnier* en usine. L'organisation de la production de chocolat a donné naissance, comme à *Beauport,* au système de la plantation industrielle. *Menier* est un autre exemple de lien entre le territoire aménagé, la société et l'organisation du travail. L'objectif étant, sans raconter le *« Tout-Menier »*, d'entrer au cœur du projet de ses dirigeants.

---

[295] Adjoint administratif en urbanisme réglementaire dans l'équipe dirigée par Mme Sigrid OKONSKI (Responsable du Service Développement &Territoire).

[296] Titre du film de Guy Deslauriers, sorti dans les salles françaises le 14 février 2001.

Troisième partie

MENIER, BEAUPORT DANS LE « BALAN » DE LA MONDIALISATION

CHAPITRE 9
La mondialisation du capitalisme marchand à partir des fèves de cacaoyers

Dans ce chapitre l'objectif est d'étudier un autre exemple d'appropriation : celui de l'entreprise *Menier* en Ile de France[297], au Nicaragua[298], et dans la Somme[299]. Quel est le lieu de la première implantation de l'entreprise ? Autour de quels sites se sont organisées ses activités et pendant combien de temps ? Y'a t'il longévité comme à *Beauport* ? Comment et avec quels acteurs s'organise le système de la plantation industrielle dans l'entreprise *Menier* ? Quelles sont les similitudes et les différences avec celui de *Beauport* à la Guadeloupe ? Il ne s'agit pas d'apporter des preuves comme pour *Beauport* mais d'utiliser la chronologie de *Menier* pour analyser l'exercice des pouvoirs sur les lieux du territoire de l'entreprise et dans la mise en mouvement de ses acteurs. Le but de la comparaison des deux systèmes de la plantation industrielle est de permettre une meilleure compréhension du cas *Beauport*. L'essentiel étant, à la lumière de l'entreprise *Menier*, de parcourir d'autres lieux, d'étudier un autre projet d'aménagement territorial et de transformation sociale : *« Notre maison fut fondée en 1816 dans le but de présenter aux pharmaciens un établissement central universel d'approvisionnement ».*

9.1 Le projet en Ile de France, au Nicaragua et dans la Somme

L'histoire de l'entreprise Menier commence avec un lieu (le 1 rue du Coq Saint-Jean[300]), un homme (Jean Antoine Brutus Menier), une machine (un moulin à bras), un acte (bail de location et achat du moulin) et une industrie (la pharmacie). Le moulin à bras permet de fabriquer pour la pharmacie des farines de lin et de moutarde. Ambitieux, Jean Antoine Brutus Menier décide d'utiliser des animaux pour mouvoir ses machines. C'est le temps du manège à chevaux. Très vite, la force animale ne lui suffit plus. A la recherche d'énergie hydraulique, il choisit le site de Noisiel en Seine et Marne. Comme pour *Beauport*, ce sont les actes notariés qui apportent des informations sur le mode d'appropriation de la terre, la confusion des pouvoirs, et sur les acteurs en mouvement. La terre de Noisiel est la

[297] A Paris, Noisiel, Villenoy et Lizy-sur-Ourcq.
[298] Entre Nandaïme et Rivas.
[299] A Roye.
[300] A Paris en 1818, puis en 1821 le 1 rue du Puit et aujourd'hui le 3 rue Aubriot à Paris.

propriété de la famille du duc Gaston Pierre Marc de Lévis qui est maire et châtelain. En 1820 ce dernier fait procéder à un état de ses biens. Jean Antoine Brutus Menier signe alors un contrat de location en 1824 pour 15 ans. Au terme du bail, il achète ce moulin à blé, obtient des capitaux pour commercialiser ses produits et des locaux aménagés à la rue des Lombards[301] à Paris. Puis, il crée à Noisiel une usine hydraulique pour la pulvérisation des substances médicinales qui obtient en 1832 la médaille d'or décernée par la Société d'encouragement à l'industrie nationale. Le troisième étage de l'usine est réservé à la fabrication du chocolat. La production atteint 350Kg par jour, puis 2000kg et 4000kg. En 1841, à l'usine de Noisiel on compte 21 ouvriers. En 1842, il obtient son diplôme de pharmacien et est alors admis à la Société de pharmacie. C'est un fait marquant pour l'homme qui peut désormais se passer de ses collaborateurs diplômés qui dirigent ses fabrications dans les conditions fixées par la loi de 1803 : *« Nul ne pourra obtenir de patente pour exercer la profession de pharmacien, ouvrir une officine de pharmacie, préparer, vendre ou débiter aucun médicament, s'il n'a été reçu (...) dans une école de pharmacie ».* La liberté du Gérant *Menier* arrive juste avant l'achat en 1848 d'un ancien hôtel particulier rue Sainte-Croix de la Bretonnerie[302] à Paris et avant les nouveaux statuts de la Maison Menier & Cie en août 1849. Toute cette dynamique annonce des changements importants et la création en 1851 de la « Maison centrale de droguerie » complétée, à Noisiel, par une fabrique de produits chimiques construite dans les terrains voisins de l'usine existante. Rappelons qu'à *Beauport* c'est le tremblement de terre de 1843 qui constitue un fait historique. C'est à partir des dégâts causés par cette catastrophe naturelle que les « habitations-sucreries » s'aménagent en usines centrales à la Guadeloupe. Mais en devenant Pharmacien Jean Antoine Brutus Menier accède surtout à un titre qui lui permet d'être son seul maître. Ce qui n'est pas possible dans l'entreprise *Beauport* à cause des allers-retours des capitaux et de la propriété foncière qui échappe aux ouvriers de l'usine et des champs. En 1853 la mort de Jean Antoine Brutus Menier place son fils à la tête d'un empire familial et d'un système de la plantation industrielle en cours d'organisation. En 1854, après s'être entouré de spécialistes en architecture, hydraulique et chimie, Emile-Justin agrandit l'usine de Noisiel et y installe deux roues-hélices. Pour faire face aux critiques

[301] D'abord au numéro 37 puis au 41. Aujourd'hui, il s'agit du 31.
[302] Quartier du Bazar de l'Hôtel de Ville.

de son non-respect des règles d'hygiène, il sépare la production chimique (usine à Saint-Denis[303]) de la production alimentaire (usine à Noisiel)[304] avec l'aide de Jules Saulnier[305]. Les premières esquisses du *« Moulin Saulnier »* datent de 1864. En 1867, Emile-Justin abandonne la pharmacie. La guerre franco-prussienne retarde les travaux. Le nouveau bâtiment de fer et de brique est mis en chantier en 1871 et achevé en 1872. En façade, le monogramme « M » désigne désormais une famille à la tête d'un empire et la fleur de cacaoyer une production exclusive : celle du chocolat. La fin des travaux conduits par Saulnier signe le début de la centralisation de toutes les opérations de production du chocolat à Noisiel. Une page se tourne, elle annonce comme à *Beauport* la mise en place du système de la plantation industrielle de part et d'autre de l'Atlantique. Emile-Justin décide de planter ses propres cacaoyers, de produire ses betteraves et de raffiner son sucre. Après l'Ile de France et la Seine et Marne l'entreprise *Menier* s'installe au Nicaragua en Amérique centrale. *Valle Menier* et *San Emilio* sont les deux plantations de cacaoyers acquises au Nicaragua. Emile-Justin choisit ce pays parce qu'au milieu du 19ième siècle, dans le sud du Mexique et dans la République du Guatemala, on récolte depuis longtemps le cacao des rois. C'est en 1862 entre Nandaime et Rivas à une vingtaine de kilomètres de la côte sud-ouest du lac Nicaragua et à une soixantaine de l'océan Pacifique qu'il installe ses premières plantations de cacaoyers. Dans son ouvrage à travers l'Amérique centrale, le Nicaragua et le canal interocéanique, Félix Belly, cartographe et hydrographe évoque les débuts de cette aventure : *« on se moqua à Grenade, comme on l'eût fait partout, de ces projets aventureux que le moindre contact avec la réalité allait faire évanouir. Après des tâtonnements inévitables, l'intelligence et la ténacité de Gaston Schiffmann transforment pourtant la modeste hacienda en ferme modèle. Elle est aujourd'hui en 1867 le but de pèlerinage de toute la République, et elle sera le point de départ d'une ère nouvelle pour le cacao du Nicaragua... ».*[306] Félix Belly, lors d'une visite, décrit l'immense propriété appelée *Valle Menier* : *« On y arrivait de Nandaime par un chemin creux fort peu praticable en hiver, mais qui dans la saison sèche, laissait encore circuler, tant bien que mal, les charrettes rudimentaires, trainées par des bœufs (...).*

[303] Produits chimiques.
[304] Chocolat.
[305] Elève de Jules Bonneau à l'Ecole des Beaux-Arts.
[306] Ibidem.p.48.

L'habitation du Valle Menier bâtie sur un terre-plein, d'où le premier regard découvrait une allée de manguiers. (...) De grands massifs en ligne droite, percées d'avenues de distance en distance, représentaient les madriados (...) ». Ces espaces carrés de 15 à 18 hectares, plantés de cacaoyers, forment une surface d'environ 900 hectares lors de l'acquisition. Ils furent augmentés jusqu'à constituer une plantation d'environ 1500 hectares. Trois rivières bordent la propriété. Deux d'entre elles fournissent une énergie illimitée à vingt moteurs. Le personnel de l'hacienda se compose du directeur, de quatre français responsables de la nourriture, de la paye des ouvriers et de la surveillance générale, de deux surveillants indigènes, d'environ 80 ouvriers, affectés à l'exploitation de la plantation et aux travaux d'entretien des bâtiments. Quinze à vingt femmes assurent l'intendance. Les salaires posèrent à l'origine quelques problèmes (…). En 1865, *Valle Menier* est devenue la seule hacienda du Nicaragua de 300 000 cacaoyers, transformée en véritable *« parc tropical, servie par des machines puissantes prêtes à tous les développements industriels, fournissant à la fois du coton, du maïs et de l'indigo, et pouvant constituer le noyau d'une colonie française dont la prospérité ne serait pas inutile à la mère patrie ».*[307] Le Nicaragua a plu aux dirigeants de l'entreprise *Menier* pour les plantations de cacaoyers, les départements de la Somme et de la Seine et Marne en France métropolitaine sont choisis pour leurs champs de betteraves. Dans la Somme, en 1865, Emile-Justin achète la plus ancienne sucrerie de Roye : celle d'Oscar Privote et Cie. En 1868, Emile-Justin dépose un brevet d'invention de la conservation des betteraves destinées à l'industrie sucrière. C'est dans ce « balan » de l'appropriation de lieux pour des productions variées que se produit la découverte scientifique. Cette contribution de *Menier* à l'industrie sucrière confirme la pertinence de la comparaison de cette entreprise avec *Beauport.* En 1880, le personnel atteint 500 personnes et 80 à 100 bœufs sont nécessaires pour la culture et le transport des betteraves. Les déchets et la pulpe servent d'alimentation au bétail. Trop éloignée de la chocolaterie, l'usine de Roye est revendue à Pierre et Paul Lebaudy acteurs en mouvement déjà présents dans la Société Anonyme des Usines de Beauport (SAUB). En Seine et Marne, Emile-Justin participe à la création de deux autres sucreries à Villenoy et Lizy-sur-Ourcq. C'est surtout celle de Villenoy qui retient notre

[307] Idem, p.48

attention car elle a été créée en 1870 avec Jean-François Cail, acteur en mouvement déjà présent à *Beauport.*

9.2 Le système de la plantation industrielle

Malgré la dispersion des différents sites, le système de la plantation industrielle possède, comme à *Beauport* un cœur visible dans le *« Plan général de l'Usine de Noisiel et de ses dépendances »*, extrait de l'Exposition Universelle de Paris, 1900. Typo. Plon-Nourrit et Cie, 8, rue Garancière, Paris. Coll.G.M. Ce document graphique révèle l'organisation spatiale du site de Noisiel. Les informations renforcent la comparaison avec *Beauport.* Présence du port de Noisiel, d'un chemin de fer de l'usine, d'une cité ouvrière de l'usine (desservie par la rue nouvelle, l'avenue de la cité et la rue des écoles), groupe scolaire, réfectoire, restaurant, square, église, mairie, château de Noisiel, parc de Noisiel, barrage de Noisiel, magasin à sucre, ateliers à bois, écuries, haras, pliage, lavoirs, cour, jardins maraîchers...? Comme dans *« le plan du système de la plantation industrielle : l'entreprise Beauport et l'aménagement territorial de l'île Grande-Terre »* le réseau hydrographique indique l'emplacement de l'usine, du port, des sources d'énergie, des lavoirs et des jardins maraîchers. La rupture de charge pour le transport du sucre et du chocolat est bien mise en évidence à l'intérieur du système. De même les chemins de Noisiel à Lagny, de Noisiel à Torcy et le Rû Maubué soulignent les appellations des secteurs 3 et 4 de la ville nouvelle de Marne La Vallée : *« bloquée au nord par la rivière, à l'Est par la commune de Torcy et à l'ouest par le Parc de Noisiel, la chocolaterie Menier ne peut s'étendre qu'au sud, en rasant le village »*[308]. Ce plan démontre comment le chocolat s'est mêlé à la République du fait de la confusion des pouvoirs patronal et politique mais aussi à cause de la construction, au sein même de la cité, des édifices de la République. Autre point commun avec *Beauport,* la présence du domaine de Noisiel qui comprend *« des terres en cultures, des prairies naturelles, des bois, des oseraies, des parcs, des fermes ainsi qu'un haras »*[309]. Il s'étend sur 1500 ha environ et sur plusieurs communes de la Seine et Marne[310]. Les fermes du domaine de Noisiel fournissent des betteraves à sucre, des pailles, et avoines. La *ferme modèle du Buisson*

---

308 Bernard LOGRE et Gérard MESSENCE, opus.cit, Page 56.

309 Idem, p.64.

310 Champs Sur Marne, Croissy Beaubourg, Emerainville, Lognes, Noisiel, Torcy, Chelles, Vaires Sur Marne.

Saint Antoine accueille en 1889 le concours agricole de l'exposition universelle. Les flux de marchandises sont à l'origine de la création d'une ligne de chemin de fer privée qui obtient l'accord du Conseil Général de Seine et Marne en 1881 et qui fonctionne jusqu'en 1950. Comment ne pas penser au tronçon *Beauport-Trou à Sirop*[311] du Pays de la Canne à la Guadeloupe et à la signature de la convention[312] entre la Société Nationale de Chemin de Fer et le Conseil Général de la Guadeloupe ? Autre lieu mais mêmes traces du passé. Le pouvoir de l'entreprise *Menier* sur l'Ile de France, le Nicaragua, et la Somme a les mêmes conséquences qu'à *Beauport* à savoir l'aménagement territorial et la transformation sociale. C'est ce résultat qui, à ce stade de l'analyse, incite à revisiter le terrain pour découvrir le patrimoine *Menier*.

9.3 Le terrain revisité, le patrimoine Menier

Jean Antoine Brutus Menier et son fils sont à l'origine de l'aventure Menier mais, Jules Logres, sous-directeur à partir de 1869, a contribué à la constitution du Patrimoine *Menier* et ce dès la reconstruction du moulin avec Jules Saulnier. Cet acteur en mouvement représente à lui seul la concentration des pouvoirs du chef d'entreprise et de l'homme politique car il cumulera les fonctions de sous-directeur puis de directeur de l'usine, d'élu politique, d'éducateur et de précurseur. A l'origine du patrimoine *Menier* il y a des hommes mais aussi une histoire, un vécu et un modèle celui d'une cité ouvrière anglaise créée dans les faubourgs de Bradford. La cité de Noisiel s'étend sur 30 ha environ et se compose de 66 maisons au départ pour atteindre un total de 311 logements par la suite. Ses travaux se poursuivent de 1874 à 1900 et en 1881 les lois Ferry font entrer les écoles de Noisiel dans celles de la République. Les dirigeants de l'entreprise *Menier* ne s'occupent pas uniquement du logement de leurs ouvriers mais aussi de l'état de santé de l'ensemble du personnel. Toutefois les logements sont loués exclusivement au personnel de l'usine qui ne peut en devenir propriétaire. Une mairie est construite en 1893. Mais le parc immobilier reste la propriété des Menier jusqu'à ce qu'en 1963, les logements soient cédés à un promoteur qui les revend à l'unité. L'ancienne chocolaterie *Menier* est ouverte pour les journées européennes du patrimoine et plusieurs bâtiments du site sont classés depuis 1992 aux Monuments Historiques ou figurent à l'inventaire et

---

[311] Inauguré le 5 juillet 2002.

[312] Signée le 21 janvier 2000.

sont devenus des centres culturels et lieux d'échanges entre les consommateurs, les clients et les experts. L'histoire de l'entreprise *Menier* est indissociable de celle de la pharmacie, du chocolat, du sucre de betterave et du commerce. Dans la logique de la doctrine d'Henri de Saint-Simon la réorganisation de la société se fonde sur le pouvoir industriel. Jean Antoine Brutus Menier s'est profondément inspiré de cette doctrine pour créer son entreprise et démocratiser le chocolat : *« nous avons élevé l'art de broyer le chocolat au rang des grandes industries. Au travail lent, irrégulier des bras de l'homme, nous avons substitué de puissantes machines qui produisent plus de 80 kg à l'heure... »*[313]. Le système de la plantation industrielle fonctionne avec l'élite de la classe ouvrière en Seine et Marne et avec des esclaves devenus, en 1838 avec l'abolition de l'esclavage au Nicaragua, des hommes libres au statut d'ouvrier. L'exemple *Menier* démontre qu'en métropole l'économie de main-d'œuvre a été recherchée. L'usage des chevaux pour la production du chocolat et des bœufs pour la production du sucre de betterave a préservé les populations d'Ile de France et de la Somme de l'esclavage. C'est là que réside la principale différence entre le système de la plantation industrielle dans l'entreprise *Menier* et dans l'entreprise *Beauport*. Mais au sein même de l'entreprise *Menier* les situations diffèrent. Lorsque l'exercice des pouvoirs et la mise en mouvement des acteurs se produisent avant 1838 au Nicaragua et avant 1848 à la Guadeloupe le sort réservé aux populations mises en esclavage n'est plus le même. C'est le coût humain de la mondialisation du sucre et du chocolat. Mais c'est dans l'écart des situations géopolitiques que se révèle l'objectif poursuivi au cœur du système de la plantation industrielle à Noisiel : sédentariser l'ouvrier et améliorer l'habitat populaire. Le « balan » de la mondialisation du sucre et du chocolat nous mène aux contradictions de la nouvelle politique d'aménagement territorial. Le capitalisme marchand produit de l'universel sur le plan économique, de la transformation sur le plan social, de la diversité culturelle, de la découverte scientifique, de la campagne publicitaire, un nouveau type de communication et de projet avec l'achat en 1895 de l'île d'Anticosti dans la province de Québec en vue de son appropriation coloniale. La démonstration de la pertinence de la comparaison est faite. Ce qui pose problème maintenant c'est la question du

---

313 Propos tenus par Brutus Menier dans son catalogue prix courant général pour l'année 1845 cité par Gérard Messence et Bernard Logre, « le chocolat-Menier évitez les contrefaçons », p.18.

pourquoi là et pas ailleurs ? Pourquoi avec eux et pas les autres ? Pourquoi réserver un sort différent aux populations vivant kolé-séré en fonction de l'aménagement territorial de leur île, département ou pays ? Au-delà des conséquences du « balan » de la mondialisation du sucre et du chocolat sur la vie des populations, est-il possible d'en sortir ? Pour répondre à ces questions et avancer dans la démonstration il faut revenir au cas d'étude *Beauport.*

FIGURE N°10 : PANNEAU DE SIGNALISATION

Source : Photo de Fabrice GAUTHIEROT, mai 2005.

CHAPITRE 10
La mondialisation du capitalisme marchand à partir des cannes à sucre

Ce chapitre a pour but de nous faire adopter un nouveau regard sur *Beauport* compte tenu des résultats de recherche issus de la comparaison avec *Menier*. Le système de la plantation industrielle est exportable. L'entreprise *Menier* est la preuve de sa diffusion en Seine et Marne après l'application *« Beauport »* à la Guadeloupe.

10.1 Une création avant-gardiste

Elisée Reclus l'a dit dans sa nouvelle géographie universelle *« chaque nation voulait avoir ses plantations de cannes à sucre et de caféiers, son magasin insulaire de denrées coloniales »*.[314] C'est pour cette raison qu'est né le système de la plantation industrielle répandu par exemple dans toutes les îles de la Caraïbe. La circulation de la canne à sucre ou *« roseau qui donne du miel sans le concours des abeilles »* a engendré une mutation importante quant au peuplement des îles dans lesquelles elle arrivait. D'après le Code Noir, la gestion des Compagnies *« c'est-à-dire des sociétés constituées pour les peupler, les administrer et les exploiter »* a pour conséquences les apports de populations et l'exercice des pouvoirs sur le territoire. De ce contexte de migrations, d'exil, de chaos et de violences résultent deux produits de consommation : le sucre et le rhum. L'engouement des Européens pour ces produits exotiques est incontestable et c'est ce qui explique le développement du commerce colonial. *« Il est admis que c'est par de continuels croisements que l'on a réussi à obtenir le saccharum barbari (la canne créole des Antilles en est la descendante) dans la recherche des variétés hybrides à suc plus sucré et renfermant moins de fibres »*[315]. Le caractère avant-gardiste du *« système de la plantation industrielle »* contraste avec ses territoires et ses sociétés d'implantation qui vont se spécialiser dans la fabrication du sucre pour approvisionner les métropoles. Il est important de rappeler que le raffinage et la commercialisation du sucre échapperont toujours aux îles et aux acteurs qui s'y trouvent. Mais la fabrication, l'amélioration des techniques et le commerce du sucre vont dynamiser le capitalisme et déplacer ainsi le centre du monde de la Méditerranée vers les îles

---

[314] Page 9.

[315] Christian MONTBRUN « La canne et le sucre de l'Asie au Maroc au XVIe siècle », in *La route du sucre du VIII au XVIIIe siècle,* Ibis Rouge Editions, 2001, p.51.

baignant dans l'Océan Atlantique et la Mer des Caraïbes. *« La forte demande en sucre des cours princières d'Europe et des Mameluks d'Egypte, fut à l'origine de la création des grandes compagnies commerciales, des banques et du mode capitaliste d'exploitation des plantations de type colonial qui atteignit son plein développement quelques siècles plus tard aux Indes Occidentales... »*[316]. La comparaison avec *Menier* prend tout son sens car en Seine et Marne, bien que nous soyons dans un autre type de société, les dirigeants poursuivent le même objectif à savoir sédentariser la main-d'œuvre. Les bras doivent se trouver en permanence à proximité de l'usine. Là où le sucre et le chocolat les réclament. Les trajets domicile-travail sont réduits au maximum et l'usine peut tourner à plein régime de jour comme de nuit. Si le processus colonial s'accompagne de violences, la répression et la surveillance se retrouvent tant dans la société coloniale, esclavagiste et ségrégationniste que dans la *« Cité Menier »*. Au Nord Grande-Terre, il faut faire table-rase du passé pour importer le capitalisme dans la société devenue coloniale, esclavagiste et ségrégationniste. C'est l'entrée de *Beauport* dans le *« balan »* de la mondialisation. Elle se caractérise par des aménagements importants dans les territoires d'influence de l'entreprise mais aussi par des transformations sociales irréversibles dans la société d'accueil. A cet héritage s'ajoute la réhabilitation de *Beauport* en Pôle Scientifique et Technique au cœur des débats actuels et des projets portés par les acteurs en mouvement au niveau local. *« Nous avons pour mission de hiérarchiser les compétences et d'anticiper. Nous nous inscrivons donc dans une démarche prospective »* explique Francis Toumson[317]. *« La Communauté de Communes du Nord Grande-Terre travaille sur divers programmes tels que le Plan local pour l'insertion et l'emploi et la Liaison Entre Actions de Développement de l'Economie Rurale. Par le biais du second, elle entend faire du tourisme le « potomitan » du développement durable du Nord Grande-Terre »*[318]. A *Beauport,* le 25 août 2006, le Ministre délégué à l'Aménagement du Territoire est invité au Pays de la Canne. Il visite le Musée de la Canne, le laboratoire, et l'unité de conditionnement du sucre *« outremer-autrement »*.

---

[316] Ibidem, pages 56-57.
[317] Directeur Général des Services de la Communauté de Communes du Nord Grande-Terre (CCNGT).
[318] Déborah MATHEY, « La Communauté du Nord Grande-Terre multiplie les actions », interview de Francis Toumson in *France-Antilles*, 06 octobre 2010.

Cette unité signe le retour du sucre de canne sur les marchés de diffusion sous un emballage nouveau. Véritable création de Jean-Yves SEREMES, qui se spécialise dans l'emballage du sucre, les petits berlingots en madras et à l'effigie de personnages historiques remportent un vif succès. A *Beauport* l'innovation se retrouve aussi dans la signature de la convention relative au Pôle d'Excellence Rural Nord Grande-Terre. L'ambition n'est-elle pas d'utiliser les ressources d'un lieu pour comprendre les mutations engendrées par le *« balan »* de la mondialisation à *Beauport* ? Il existe aussi une autre question plus politique et plus audacieuse, que s'est-il passé *« an dous »*[319] ?

10.2 La mainmise de l'Etat sur *Beauport « an dous »* ?

Il s'agit de soulever les questions sensibles du glissement de propriété. En effet, comment *Beauport* passe t'elle des intérêts privés à la mainmise de l'Etat ? Que reste-il pour les guadeloupéens ? Est-ce un sauvetage économique ou un choix politique pour les communes du Nord Grande-Terre ? Concrètement, l'Etat s'est saisi du dossier mais les propos tenus par un *« ancien de Beauport »* témoigne du lien qui l'unissait à l'entreprise et de la pertinence de son analyse : *« Si vous travaillez dans une société, il faut en prendre précaution. Il faut faire vivre la société pour que vous même vous puissiez vivre dedans. Moi, c'est dans ce but là que je travaillais, je ne voyais pas que le Blanc a de l'argent, le Blanc a ci a ça, je voyais que c'est quelqu'un qui a déposé une entreprise à un endroit qui nous appartient »*[320]. Quand le Conseil Régional et le Syndicat à vocations multiples (SIVOM) achètent les terres, ils savent que c'est la seule chose qui a encore de la valeur à *Beauport* et que la nouvelle politique d'aménagement territorial va décider de l'avenir de cette entreprise. Aujourd'hui, le Pays de la Canne est répertorié comme musée du sucre à la Guadeloupe et comme lieu d'animation touristique. Lors d'une séance de travail avec Olivier Dollfus ce dernier avait attiré mon attention sur une affiche figurant dans les couloirs du métro parisien reprenant le dicton suivant : *« Est maître des lieux celui qui les organise ».* Donc est désormais maître des lieux à *Beauport* celui qui a réhabilité le site. Depuis 2004, le pays de la Canne a coûté 4,6 millions d'euros[321] et c'est à ce prix que le site revit. Le portrait de Monsieur Jalème

---

[319] Expression créole définie à la page 3 dans la thèse.

[320] Entretien avec Edmond-Villard Jalème à Port-Louis, février-mars 1998.

[321] Prix mis en ligne sur le site du Conseil Général en comptant les fonds investis par l'Etat et ses partenaires européens.

Edmond-Villard nous accueille, les anciens-salariés formés nous transportent à bord des « Flèch Kann »[322], les guadeloupéens et les touristes se rencontrent dans le dédale, dans la *« kaz à bokit »,* le café sucre... Le « balan » a mis à nu un squelette, une cathédrale morte parce qu'il y a eu destruction du lien social après le cyclone Hugo. Le tourisme a remis l'usine en mouvement et *Beauport,* habitée par des stimulations qui viennent de la totalité du monde, entre dans une autre dynamique qui suscite une nouvelle question choisie comme titre du dernier chapitre de la thèse.

[322] Noms des deux petits trains du Pays de la Canne.

CHAPITRE 11
Beauport, le « Potomitan » ?

Le squelette a servi de ressource économique et touristique. Ce qui a permis au Conseil Général de classer le Pays de la Canne en musée du sucre et du patrimoine industriel. Dans la thèse, il est choisi comme nouvelle politique d'aménagement territorial et exemple d'alliance entre un territoire et ses acteurs. Les guadeloupéens se sont appropriés le Pays de la Canne et ont créé à Port-Louis le 11 février 2008 l'Association des *« anciens et amis de Beauport »* mais quel est aujourd'hui l'avenir de *Beauport* et le devenir des *« anciens et amis de Beauport » ?*

11.1 Beauport, quel avenir ?

Depuis la réhabilitation du site on peut dire que les manifestations sportives, culturelles, religieuses s'enchaînent. Si *Beauport* a été le premier site, « *La Grivelière* » et *« Darboussier »* sont concernées par les nouveaux projets. L'exemple de la sculpture de François Piquet *« Bef chapé lizinn »*[323] nous permet de nous interroger sur le choix de *Beauport* comme « Potomitan » *?* L'œuvre d'art achetée par le Conseil Régional a été exposée au Pays de la Canne en attendant de faire son entrée dans le Memorial Acte. S'interroger sur l'avenir de *Beauport* c'est reconnaître que *« même s'ils sont partis avec les papiers et nous ont laissé le squelette »* il y a un héritage. C'est pour cette raison que la thèse n'a pas démarré sur des faits mais à partir d'un lieu exemplaire où la destruction du site économique ne s'est pas accompagnée de disparition de cultures enracinées. L'avenir de *Beauport* est par conséquent « Isidan et Isila »[324] dans la tête des anciens dispersés dans le monde. Que faisons-nous de l'héritage ? La résistance culturelle ne doit-elle pas nous aider à creuser la face humaine du *« balan »* de la mondialisation que j'ai choisi d'appeler dans la thèse le *« graj »*[325] de la mondialité ? L'éco-tourisme n'est sans doute pas l'unique défi ? Actuellement le Conseil Général de la Guadeloupe prépare : la visite virtuelle de l'intérieur de l'usine grâce aux nouvelles technologies, l'exposition sur le thème de l'énergie et l'ouverture de la maison de l'usinier qui a pour ambition la mise en scène des relations sociales au sein de l'usine. Malgré la destruction

---

[323] Expression créole qui signifie « le bœuf échappé de l'usine ».
[324] Cf glossaire Glissantien.
[325] Rythme lent du Gwo Ka, musique traditionnelle de la Guadeloupe.

du lien social à *Beauport* par le *« balan »* de la mondialisation, les anciens et amis de *Beauport* se sont regroupés autour des nouveaux projets.

11.2 Les anciens et amis de *Beauport,* quel devenir ?

D'après la parole des anciens, après le cyclone Hugo, les cadres sont retournés en métropole. Les employés et les ouvriers de l'usine et des champs se sont retrouvés, face au squelette (à la toiture arrachée et à la cheminée couchée), au chômage. Aujourd'hui, 23 personnes[326] travaillent à temps plein au Pays de la Canne et Madame Marie-Laure Troplent a été nommée directrice depuis 2006. A ce jour, je n'ai pas trouvé d'étude sur la structuration socioprofessionnelle dans l'entreprise *Beauport,* ni sur les descendants des familles qui ont un passé commun avec cette entreprise. Un travail de recherche sur le devenir des anciens et sur la généalogie de la famille Titéca-Beauport pourrait commencer grâce aux contacts établis sur le terrain. L'association *« des anciens et amis de Beauport »* a un projet de jumelage avec le quartier de la ville du Québec s'appelle aussi *Beauport* et dont l'aménagement territorial s'est fait à partir du sucre d'érable. Les anciens formés à la Société Nationale des Chemins de Fer qui conduisent les *« Flèch Kann »* pourraient figurer dans un observatoire du territoire de l'entreprise *Beauport.* Cet observatoire pourrait se construire sur le modèle de celui de la Délégation interministérielle à l'Aménagement du Territoire et à l'Attractivité Régionale (DATAR) en utilisant la base de données créée durant la préparation du Diplôme d'Etudes Approfondies (DEA) que j'ai appelé BD BEAUPORT. Le rachat de la Société Anonyme des Usines de Beauport (SAUB) par les Grands Moulins de Paris[327] n'a pas fait l'objet d'une recherche. *Beauport* reste donc un vaste chantier qui n'a pas été exploré dans son ensemble malgré l'ambition affichée au début de la thèse de raconter le *« Tout-Beauport ».* Le travail fourni jusqu'ici démontre que la négritude ne suffit pas à comprendre le système de la plantation industrielle car c'est dans l'aménagement territorial et la transformation sociale que le crime esclavagiste a créé la modernité et c'est tout l'intérêt de la trace de *Beauport.* L'explication dynamique du système de la plantation industrielle s'achève. Il est temps d'adopter *« la pensée de la trace au bord des*

---

326 Chiffre inscrit sur le site internet du Conseil

327 Le site réhabilité en 2004 accueille l'université de Paris 7 Denis-Diderot.

champs désolés du souvenir, laquelle sollicite les mémoires conjointes des composantes du Tout-Monde »[328], du *« Tout-Beauport ».*

11.3 Trace à *Beauport*

Je suis d'accord avec Frantz Fanon *« il ne faut pas essayer de fixer l'homme car son destin est d'être lâché »*. Je partage l'avis d'Edmond-Villard. Il y a bien quelque chose qui a été déposé à *Beauport* et c'est ce que Glissant, *« l'écrivain de plantation »*, appelle le *« Rhizome »*[329]. Comme indiqué sur le site qui lui est dédié : *« c'est à Gilles Deleuze et Félix Guattari que Glissant emprunte cette image du rhizome (la racine multiple d'une plante) pour qualifier sa conception d'une identité plurielle qui s'oppose à l'identité racine unique. Par opposition au modèle des cultures ataviques, la figure du rhizome place l'identité en capacité d'élaboration de cultures composites par la mise en réseau des apports extérieurs, là où la racine unique annihile »*. Ce qui est en question dans le *« Rhizome »* déposé à *Beauport* c'est le rapport avec le monde, avec la politique. Au terme de cette troisième partie de la thèse, je pense que *Beauport* est une création du *« balan »* de la mondialisation et que le Pays de la Canne est le résultat du *« graj »* de la mondialité à la Guadeloupe. Ce qui signifie que l'usine et son squelette sont d'abord pris dans le *« balan »* de la mondialisation. Le cyclone Hugo et le renouveau de *Beauport*, font entrer le Pays de la Canne dans le *« graj »* de la mondialité. Au nom du tourisme, les partenaires gèrent les nouveaux projets tels que : le mémorial Acte[330], le MIGAN[331], « La route de l'esclave- Traces et mémoires à la Guadeloupe »[332], le programme d'investissements locaux pour une offre touristique élaborée dans le Nord Grande Terre[333], « Le chemin des saveurs »[334], « La Grivelière » à Vieux-Habitants, « l'habitation Beausoleil » à Saint-Claude… pour ne citer que ceux-là. La Guadeloupe a été choisie par décision de la commission européenne comme « région pilote pour la stratégie

---

[328] Edouard Glissant.

[329] Défini dans le glossaire glissantien, « Edouard Glissant, une pensée archipélique », www.edouardglissant.fr, 2011.

[330] Projet porté par le Conseil Régional et ses partenaires dont l'inauguration est prévue au mois de mai 2015 à Pointe à Pitre.

[331] Terme créole désignant un plat à base de Fruit à Pain choisi comme nom de l'annuaire des archives de la Caraïbe.

[332] Projet porté par l'Unesco qui a sélectionné 18 sites à la Guadeloupe dont plusieurs dans le Nord Grande Terre.

[333] Projet porté par la Communauté de Communes du Nord Grande-Terre.

[334] Projet porté par la Communauté de Communes du Nord Basse-Terre.

régionale d'innovation ». En attendant, le *« lyannaj »*[335] créé dans la thèse entre la Guadeloupe et la Seine et Marne vient du fait que ces deux départements ont accueilli des unités de production de sucre. Ils ont contribué au positionnement de la France qui est le 1er pays producteur européen de sucre, le 1er pays producteur mondial de sucre de betterave et le 7ième pays producteur mondial du sucre[336]. La Région Guadeloupe dotée d'un Schéma d'Aménagement Régional (SAR) et le Département, qui a mis les musées au centre de sa politique culturelle, mutualisent leurs moyens.

Le « Grand *Beauport* », nouveau défi ?

En conclusion de la troisième partie, nous pouvons affirmer que l'exercice des pouvoirs sur les territoires et la mise en mouvement des acteurs nous ont conduit à un effort de comparaison des entreprises *Beauport* et *Menier*. L'articulation des différents niveaux d'échelles est visible dans le passage de l'île au continent, d'une entreprise à l'autre et d'un produit à l'autre. C'est dans le bek à bek avec l'entreprise *Menier* que se trouvent les nouvelles pistes de recherche. En effet, autour de l'usine *Beauport* et de la chocolaterie *Menier* s'est développé le même système de la plantation industrielle. La nouvelle politique d'aménagement territorial s'est organisée dans les deux entreprises à partir du territoire aménagé, de la société et de l'organisation du travail.

Toutefois, l'explication dynamique du système de la plantation industrielle a démontré que ce dernier est exportable mais pas dans les mêmes conditions qu'à *Beauport.* C'est sur cette différence majeure que *Beauport* illustre bien les mécanismes du *« balan »* de la mondialisation et de destruction du lien social. Le territoire de l'entreprise *Beauport* relève de plusieurs espaces (local, régional, national, mondial) et les populations qui y vivent ont leurs propres espaces d'évolution. Mais elles sont interdépendantes d'un système mondial dont les indicateurs sont surtout économiques. Sur l'ensemble de la période étudiée *Beauport* a ouvert le Nord Grande-Terre sur le plan géographique pour installer ses activités et constituer son domaine foncier. Sur le plan politique pour donner aux dirigeants de

---

335 Mot créole qui signifie lien, alliance.

336 Ces statistiques sont issues du document *« Sucre et autres débouchés, mémo statistique, mai 2011, Centre d'Etudes et de Documentation du Sucre (CEDUS) ».*

l'entreprise un pouvoir d'intervention sur les décisions prises dans les institutions. Sur le plan économique pour recevoir les capitaux nécessaires à l'exploitation agricole et industrielle des ressources du territoire. Sur le plan social pour mobiliser les acteurs en mouvement en Europe, en Afrique, en Inde, en Guadeloupe et dans les îles voisines de la Caraïbe. De nos jours, sur le plan médiatique pour assurer la visibilité du Pays de la Canne.

Beauport est une création dans le *« balan »* de la mondialisation parce que les caractéristiques du territoire et de la société à la Guadeloupe l'ont rendue parfaite pour une application du système de la plantation industrielle. En définitive, la nouvelle politique d'aménagement territorial n'a eu qu'un but, celui de sortir *Beauport* du *« balan »*. Cet objectif est atteint depuis 2004 avec l'ouverture du Pays de la Canne. Est-ce le seul moyen pour une ré-articulation dans l'échelle locale à la Guadeloupe ? Les apports de la thèse sont-ils suffisants pour l'analyse du lien entre tourisme et développement local ? Quelle place accorder à l'alliance entre le Politique et l'Economique ? Quel regard porter sur les îles de la Caraïbe qui, à l'inverse de *Beauport,* entrent dans la mondialisation par le tourisme ?

A *Beauport,* c'est avec le tourisme que se produit le passage du *« balan »* de la mondialisation au *« graj »* de la mondialité. Le rythme du *« graj »* contraste avec celui du *« balan »* choisis tous les deux comme symboles de l'explication dynamique du système de la plantation industrielle. Cette thèse s'inscrit dans la continuité des travaux d'Olivier Dollfus sur la mondialisation et de Julie Lirus-Galap sur l'entrecroisement des mondes et sur l'identité antillaise. Avant-gardistes et visionnaires ils ont ouvert magistralement la voie et marqué leur époque. En suivant leurs séminaires de recherche, j'ai pu me situer par rapport aux différents concepts et créer ce « lyannaj » entre *Beauport* et *Menier*, entre la canne et la betterave, entre le sucre et le chocolat, entre la Guadeloupe et la Seine et Marne. Je suis d'accord avec Edouard Glissant qui a dit lors d'un entretien en 2004 que *« c'est seulement un imaginaire du monde, c'est-à-dire une conception de la mondialité, qui nous permettra de lutter contre les aspects négatifs de la mondialisation. Je crois qu'il faut adopter le principe : agis dans ton lieu, pense avec le monde. C'est cela la mondialité. Une politique du monde qui s'oppose aux aspects négatifs de la mondialisation ».* Je souhaite la valorisation de la thèse pour plusieurs raisons. La première c'est que le Pays de la Canne sera son lieu de visibilité. La deuxième c'est mon engagement durant *« l'année des Outres-Mers »* contre les effets du « balan » de la mondialisation à la Guadeloupe. La troisième c'est parce que je suis d'accord avec Christiane Taubira-Delannon[337] qui pense que *« la mondialisation est flamboyante dans ce qu'elle a produit ».* Le « Grand *Beauport* », un nouveau défi ?

[337] Economiste de profession et députée de la Guyane à qui nous devons la loi n° 2001-434 du 21 mai 2001, tendant à la reconnaissance des traites et des esclavages comme crime contre l'humanité, dite loi Taubira.

CONCLUSION GENERALE

Notre objectif dans cette thèse était d'étudier l'interaction entre aménagement territorial et transformation sociale. Nous avons choisi le territoire comme porte d'entrée dans la dynamique de l'entreprise *Beauport* à la Guadeloupe. Nous avons adopté pour cela une pensée complexe et une approche systémique dans les trois parties :

1. POUVOIRS ET TERRITOIRE
   De la parcelle 597 au Pays de la Canne

2. DES ACTEURS EN MOUVEMENT
   De la stratification sociale stigmatisée à la structuration socioprofessionnelle

3. *BEAUPORT, MENIER* DANS LE « BALAN » DE LA MONDIALISATION
   Du « balan » de la mondialisation au « graj » de la mondialité

Nous présentons ici un bilan de notre travail en fonction des interrogations[338] de la thèse qui étaient de rechercher le premier lieu d'implantation de l'entreprise, puis d'analyser le lien entre le territoire aménagé et l'organisation du travail pour comprendre le passage de la stratification sociale stigmatisée à la structuration socio-professionnelle.

Le premier objectif s'est traduit par la mise en évidence de l'exercice des pouvoirs sur le territoire de l'entreprise *Beauport* et notamment sur la parcelle 597 du plan de l'Isle Grande-Terre. Cette parcelle est bien le premier lieu d'implantation de l'entreprise sur lequel nous avons fondé nos premières interrogations. En effet, la thèse a démarré à partir de questions simples : Que signifient les numéros des parcelles ? Quels sont les propriétaires concernés ? Sont-ils les seuls acteurs en mouvement ? Le but était alors de défricher le terrain sans porter préjudice à ses occupants. Les numéros de parcelles et les noms de propriétaires ont été les premières pistes d'investigation mais c'est l'histoire de *Beauport* et sa situation qui nous ont permis de traiter le sujet en racontant le Tout-Beauport. L'aménagement des « habitations-sucreries » en usines est un fait historique à la Guadeloupe auquel l'entreprise *Beauport* n'échappe pas. Nous avons

[338] Annoncées dans notre introduction générale.

compris cela en élaborant une chronologie de *Beauport* qui est devenue, au cours du travail d'écriture, un outil de mise en œuvre de l'explication dynamique. C'est ainsi que nous sommes entrés dans le système de la plantation industrielle à la rencontre des migrants volontaires d'Europe, des migrants forcés et déportés d'Afrique, des *« moun ici »* et des migrants engagés d'Inde sous contrat. Ils sont au cœur du territoire aménagé et de l'organisation du travail.

Le deuxième objectif s'est traduit par l'analyse du lien entre territoire aménagé et organisation du travail en cherchant quel indicateur remplace le préjugé de couleur. Nous pouvons affirmer désormais que le système de la plantation industrielle est au service de l'organisation du travail et que le changement de type d'aménagement territorial est à l'origine de la structuration professionnelle. Ce n'est donc pas le contraire comme nous l'avions dit sous forme de questions[339] dans la problématique.

Les objectifs énoncés sont atteints mais, en définitive, qu'est-ce-qui se cache derrière l'étude de cas *Beauport* ? Quels sont les arguments de la thèse ? Après avoir, dans notre diplôme d'études approfondies, apporté notre contribution à la remise en cause des théories coloristes, nous avions pour ambition le dépassement des constats statiques et le lancement d'un chantier de rénovation des instruments théoriques. Raconter le Tout-Beauport a été le passage obligé pour une approche nouvelle des sociétés et des cultures métisses. L'enjeu de la thèse était de restituer la complexité et les mouvements. Le premier du passage de l'appropriation coloniale à la nouvelle politique d'aménagement territorial, le deuxième du passage de la stratification sociale stigmatisée à la structuration socioprofessionnelle et enfin le troisième du « balan » de la mondialisation au « graj » de la mondialité. Pour défendre notre explication dynamique du système de la plantation industrielle à travers l'exemple de l'entreprise *Beauport* à la Guadeloupe nous avons utilisé plusieurs arguments :

Aménagement territorial et transformation sociale vont de pair avec le « balan » de la mondialisation. Tel est le premier argument de la thèse.

---

[339] Page 12.

Le « balan » de la mondialisation fait que, comme *Beauport*, l'archipel des îles de Guadeloupe[340] est habité par des stimulations qui viennent de la totalité du monde. Sur le plan géopolitique l'archipel des îles de Guadeloupe est passé du statut de colonie à celui de département d'outre-mer. Ce qui l'a d'abord rendu dépendant de la métropole puis « assimilé » ou intégré au territoire national en tant que département français avant d'être membre de l'Union Européenne. Cette multiplicité de statuts explique pourquoi, comme *Beauport,* cet archipel illustre les mécanismes du « balan » de la mondialisation car emboîté dans une succession d'espaces relevant du local au global. Le système de la plantation industrielle permet la production de masse du sucre qui devient alors un aliment de base. Les capitaux financent son acheminement de l'archipel au continent européen et des tables de la société guadeloupéenne aux tables de la société européenne : *« Les produits des plantations furent les premiers aliments et rafraîchissants consommés par les travailleurs européens pendant leur temps de pause. Parce qu'ils étaient des stimulants et apportaient des calories, ils facilitèrent la transition d'un mode de vie rural et agricole à un autre urbain et industriel... »*[341]. Le lieu de production, véritable point de départ d'une consommation mondiale, n'a pas d'incidence sur le cours des produits vendus. Les décideurs européens fixent le prix des marchandises qui circulent normalement dans l'espace de transaction. Ceux qui vivent localement de l'industrie du sucre n'ont aucun pouvoir de décision sur les revenus que cela leur procure. Les divergences d'intérêts sont visibles. Le « balan » de la mondialisation établit une industrie dans l'hémisphère sud qui approvisionne en produits de consommation courante le marché européen dans l'hémisphère nord. La spécialisation des îles dans un type de produit aboutit à la spécialisation des pays du Sud de la planète dans la production et à la spécialisation des pays du Nord de la planète dans la commercialisation de cette production. Les deux phénomènes concourent à l'accumulation de capital dans le monde. Ce qui aboutit à la création d'un vaste espace de transactions économiques avant la lettre dans l'archipel des îles de Guadeloupe. Compte tenu des caractéristiques de chaque île et des conditions de création de la société coloniale esclavagiste et ségrégationniste, le résultat est à la

340 Composé de 7 îles : Grande-Terre, Basse-Terre, Marie-Galante, les Saintes, la Désirade, Saint-Martin, Saint-Barthélémy.

341 S. MINTZ, « La plantation et la frontière paysanne : la dialectique de l'histoire antillaise », *Bulletin de la société d'histoire de la Guadeloupe*, N° 75-78, 1988, p. 57.

fois identique et différent. L'insularité préserve Saint-Barthélémy[342] ou la Désirade[343], de même qu'elle livre la Grande-Terre, Marie-Galante, et Saint-Martin aux forces militaire, politique et sociale de l'Europe. Le système de la plantation industrielle existe dans tout l'archipel des îles de Guadeloupe et le laisse marqué par la production de sucre de canne. Comme le rappelle Théodora au cours d'un entretien, notre pain quotidien c'est : *« le système, le soleil et la pluie ».*

Après le passage du cyclone Hugo, les acteurs en mouvement dans l'entreprise *Beauport* sont en difficulté à cause du poids de cette catastrophe naturelle et de la violence du système de la plantation industrielle. Tel est le deuxième argument de la thèse.

On ne transforme pas une société comme on modernise les techniques de production. Les populations d'abord objets/sujets de la société coloniale deviennent ensuite les acteurs en mouvement d'un nouveau type de société. Les entretiens réalisés avec les anciens ont permis de comprendre comment les catastrophes naturelles ont pesé sur la vie des membres du personnel de l'entreprise *Beauport.* C'est en écoutant la parole des anciens de *Beauport* que nous avons compris qu'ils sont pris dans le *«balan »* qui les affecte. L'échange généralisé entre les différentes parties de la planète a démarré sur un rapport social de domination. C'est le temps du conflit entre ceux qui ont et ceux qui n'ont pas. La violence du cyclone Hugo est à l'image de la violence du système de la plantation industrielle pour tous les acteurs en mouvement. Qui tient compte à *Beauport* de la souffrance de ceux qui ont tout perdu dans leur île ravagée ? Qui fait face au « squelette » et à la « cathédrale morte » restés debout ?

La Caraïbe est une création du « balan » de la mondialisation. Tel est le troisième argument de la thèse.

Pour qu'il y ait *« balan »* de la mondialisation, Olivier DOLLFUS précise qu'il faut une information sur le monde qui se transforme en connaissances. Cela se produit avec la découverte des îles de la Caraïbe. Le fait historique permet aux Européens de porter les îles à la connaissance du reste du monde. Le résultat est que les îles et leurs

[342] Ne possède qu'un très beau port donc peu attractive pour la culture de la canne.
[343] Transformée en camp des lépreux durant la période coloniale.

occupants sont exposés aux idéologies, conflits, catastrophes… Pour qu'il y ait « balan » de la mondialisation, il faut aussi un projet politique de domination. Ce projet existe avec la colonisation qui permet aux Royautés puissantes du continent européen d'aménager et d'institutionnaliser, à leur image, les îles. Il faut un projet religieux, là aussi il existe puisque les religieux exercent leurs pouvoirs sur le territoire. Ils bénissent les terres de la paroisse, de même qu'ils les exploitent. Ce faisant les populations sont baptisées et les religions européennes se diffusent. Il faut enfin une innovation sur le plan économique car l'émergence du capitalisme impose un élargissement du marché économique en vue de l'augmentation du profit. Cette création se produit bien dans la Caraïbe par la transformation des îles en objets de production. Moyen de projection des valeurs européennes dans le monde de même que source de conflits et de nouvelles identités. Cette création n'uniformise pas. Les différences sont là car le *« balan »* détruit et reconstruit sans cesse. La Caraïbe présente des caractéristiques géographiques, historiques, sociologiques et culturelles qui lui donnent une *« unité dans la diversité »*[344]. Géographiquement, il s'agit d'un archipel c'est-à-dire d'un ensemble d'îles[345] situé dans la zone tropicale. L'ouverture en arc de la Caraïbe sur les continents américain, européen, africain fait de cet archipel un lieu de passage maritime entre la Mer des Caraïbes et l'Océan Atlantique. C'est aussi un *« lieu d'inhumanité au milieu d'un environnement paradisiaque »*[346]. C'est pour cette raison que ce lieu-milieu du monde permet d'interroger le pourquoi du crime contre l'humanité. Au nom de *« l'échange généralisé entre les différentes parties de la planète »*[347] la Caraïbe se construit sur des génocides, des déportations et des engagements de populations mises au service de l'Europe. L'appropriation coloniale des îles, les évènements historiques et les déplacements de populations font de la Caraïbe un champ dynamique pour la recherche pluridisciplinaire et un objet scientifique[348] *« singulier mais habité de pluriel »*[349]. La Caraïbe

---

[344] Expression empruntée à Julie Lirus-Galap, Séminaire de DEA, Université de Paris 7 Denis-Diderot.

[345] « Les îles sont le terrain privilégié d'observation des sociétés on y vit serré, pour le meilleur et pour le pire », F. PERON, *Des îles et des Hommes, l'insularité aujourd'hui*, Editions de la cité/ éditions de l'ouest, 1993, p. 14.

[346] J. LIRUS-GALAP, « Entrecroisement des mondes : De la Caraïbe à la France », Thèse d'habilitation à diriger des recherches, p.84.

[347] O. DOLLFUS définit ainsi la Mondialisation.

[348] Voir à ce propos la thèse d'habilitation à diriger des recherches de J. LIRUS-GALAP.

demeure un espace écartelé que l'on cherche constamment à relier à un univers continental. Le besoin de rattachement de la Caraïbe offre un aperçu des dominations géopolitiques qu'elle subit. Son appartenance maritime est double, son environnement continental polarisé par les Amériques et par la façade atlantique de l'Europe. Elle trouve cependant son unité dans le sort commun fait à chacune de ses îles et à leurs populations (appropriation coloniale, apports de populations déracinées, création d'une société de synthèse). La domination d'une périphérie (l'archipel) aux potentialités différentes de celles d'un centre (le continent européen) est possible grâce à l'utilisation du capitalisme marchand comme système d'ouverture des îles. La Caraïbe est un vaste terrain pour la recherche en sciences humaines. Toute recherche entreprise là-dessus est un énorme chantier. La tâche est rude mais passionnante car l'analyse des œuvres humaines permet de saisir une réalité et d'expliquer une dynamique au sens de *« ce qui agit par et dans le conflit intérieur à dépasser »*[350]. La Caraïbe s'est universalisée c'est-à-dire qu'elle a été rendue commune à tous les hommes. Quel que soit son pays d'origine, l'homme retrouve ses marqueurs culturels dans cette partie du monde. La Caraïbe a montré sa capacité à se métamorphoser tout en demeurant elle-même. Mais en tant qu'œuvre humaine elle est remplie de contradictions. La Caraïbe est l'expérience qui a fait vivre la pluralité du monde. Elle est l'un des seuls endroits du monde où l'on ne se fond pas, où l'on cultive son métissage. L'excès devient un plus par la valorisation de la différence. La Caraïbe n'est pas sauvée par son aspect paradisiaque, au contraire elle est convoitée. Cela explique les pressions qu'elle subit parce que la beauté de ses lieux naturels la rende attractive. C'est dans la Caraïbe que se concrétise l'entrecroisement des mondes et de tous les types de flux (maritimes, commerciaux, de populations). La Caraïbe est un terrain de chocs, de rencontres avec l'Europe. C'est dans ses petits territoires que les grandes puissances européennes se livrent leurs combats. La multiplication des échanges entraîne aménagements, transformations et métissages. La révolution industrielle n'atteint pas l'intérieur des continents mais elle transperce les îles. La machine à vapeur, symbole de la révolution arrive à *Beauport* et dans l'archipel des îles de Guadeloupe (microcosme de la Caraïbe). Le même système de la

---

349 Expression empruntée à Julie Lirus-Galap, Séminaire de DEA, Université de Paris 7 Denis-Diderot.

350 Définition de J. LIRUS-GALAP.

plantation industrielle amène partout aménagement territorial et transformation sociale. Toutes les îles de l'archipel sont considérées par les puissances européennes comme des territoires neufs capables de fournir des denrées tropicales que l'Europe ne produit pas. En produisant le sucre que l'on déguste dans les luxueux salons et les plus belles tables d'Europe la Caraïbe apporte l'indispensable. Comme l'affirme Sydney Mintz : *« L'exotique est devenu quotidien*[351] *car le sucre, produit caractéristique du système de la plantation, passe d'une consommation occasionnelle, cérémonielle, médicinale, privilégiée et exotique à une mise en service permanente sur le marché mondial »*. Si la France s'approprie l'archipel des îles de Guadeloupe, les autres îles de la Caraïbe sont la propriété de l'Angleterre, de l'Espagne, du Portugal. Le système de la plantation industrielle est utilisé par tous les acteurs de la colonisation. La découverte de la Caraïbe faisait partie du projet d'inventaire de toutes les zones géographiques de la planète. En tant qu'œuvre humaine la Caraïbe assure sa sauvegarde par le canal culturel. Cette aire culturelle[352] s'affirme par le maintien de chacune de ses composantes. Elle met en valeur l'essentiel c'est-à-dire ce qui ressort du chaos. Les idées libérales se répandent dans le monde. En France, l'expansion coloniale fut affaire politique. L'Etat prête des capitaux, exproprie, arbitre les conflits. Il se substitue progressivement aux investisseurs privés et récupère à bas prix les terres utiles. Rappelons que le projet de la France était de posséder des stations maritimes fortes. Les initiatives privées lancent l'appropriation coloniale puis l'Etat s'engage alors dans la définition des règles de la conquête devenue au fil des conflits qu'elle suscite partage du monde. L'expérience gouvernementale des Etats les plus riches leur permet de mettre en place leurs institutions dans les îles. Si le commerce est nécessaire au maintien des richesses sur un même continent, son organisation est idéologique et politique. Les îles sont parfaites pour créer rapidement du capital, pour investir sur de nouveaux marchés pas encore saturés. Utiles dans ce type de stratégie capitaliste, elles deviennent « précieuses » en période de conflit mondial. Pourquoi les îles sont-elles au centre des conflits qui les dépassent ? Parce que les Etats modernes se disputent chaque petit bout de terre à la surface du globe. Telle est l'absurdité des conflits qui ont fait naître du chaos la Caraïbe.

[351] Titre emprunté à la monographie de l'ethnologue franco-vietnamien G. CONDOMINAS : L'exotique est quotidien.
[352] Définition.

Si au départ la raison de l'appropriation coloniale est la terre pourquoi ce qui fait la richesse de l'habitant est la main-d'œuvre servile ? La mainmise sur les îles a fait de la place à l'essentiel : le commerce. C'est dans l'échange que les populations se rencontrent. Dans la société coloniale esclavagiste et ségrégationniste le capital et la main-d'œuvre sont un seul et même objet. Mais au moment de l'abolition le capital redevient homme libre. Cette transformation révèle que la perte des esclaves remet en cause tout le système de la plantation industrielle car « l'habitant » ne possède plus de capitaux. Le plus inacceptable, c'est que les archives nous apprennent qu'une partie de l'indemnité versée pour la perte des esclaves devait servir de capital à la Banque Coloniale. Si l'esclave est l'objet du marché capitaliste, les îles deviennent les objets des conflits mondiaux. Que peut réserver alors ce chaos à l'humanité ? La société coloniale esclavagiste est la seule société qui utilise du capital vivant. Un prix est donc attribué à la vie humaine. Si cette réalité est intolérable, donc en contrepartie, l'invention des idéologies raciales permet de transformer des populations en Sauvages, Indigènes, Rouges, Noirs, Bois d'Ebènes, Nègres… brefs d'en faire une ligne infinie d'objets/biens-meubles et de rassembler la peau de leurs corps dans une palette de couleurs. Malgré les conflits et les inégalités, à l'intérieur d'une île la seule alternative est de coexister. Le balan de la mondialisation doit être élargie à la Caraïbe parce qu'elle est née des conflits de la production des denrées tropicales et leurs conséquences perdurent. Ce qui signifie qu'une place importante doit être accordée à la Caraïbe dans la géographie des pays émergents et en développement. Si les mécanismes du balan de la mondialisation sont visibles, les populations placées volontairement ou sous la contrainte dans les îles n'ont jamais été considérées comme des consommateurs potentiels. C'est par la réhabilitation des anciens sites que semble s'organiser le développement local. *« Comprendre les îles exige de faire constamment la part des phénomènes généraux liés à l'appartenance à une zone géographique particulière de la part des phénomènes proprement locaux. Rendre compte des îles oblige à rester constamment fidèle à une réalité dans ce qu'elle a d'original. Ainsi la spécificité insulaire est inséparable de l'environnement marin, même si certaines sociétés insulaires sont très peu maritimes… »*[353]. Toutes les puissances coloniales ont convergé dans la Caraïbe pour

[353] F. PERON, op.cit, 1993, p.14-15.

s'approprier les meilleures terres et mettre en place une agriculture coloniale d'exportation. Par le commerce des denrées tropicales, les îles ne sont pas restées hors des atteintes de l'univers continental et de la civilisation occidentale. L'archipel des îles de Guadeloupe a été placé à l'intérieur du circuit mondial du sucre même si la mer le sépare de tout univers continental. L'ouverture imposée de cet archipel échappe aux grandes puissances du monde. Le métissage culturel n'était pas prévu mais il s'est produit et c'est lui qui fonde l'unité dans la diversité. C'est en ce sens que Gin RACHELLI a raison de dire *que "l'île est une expérience culturelle pour l'humanité toute entière"*.

La parcelle 597 est le lieu de départ de l'aventure *Beauport*. L'exercice des pouvoirs sur le territoire et les acteurs en mouvements font entrer *Beauport* dans le « balan » de la mondialisation. C'est à *Beauport* que se produit la première mondialisation inventive et irréversible mais, à la Guadeloupe, *Beauport* n'est qu'un exemple de système de la plantation industrielle parmi d'autres où le sucre n'est qu'un choix de produit universel parmi d'autres. Les populations vivant kolé-séré dans cette partie du monde appelée la Caraïbe ont toutes participé au « graj » de la mondialité. *« Parce qu'ils sont partis avec les papiers et ont laissé le squelette », Beauport* la « Cathédrale morte » est sortie du « balan » de la mondialisation. Oui, cela est possible. Mais quel est l'apport de la thèse grâce au développement local qui, à *Beauport*, repose sur la nouvelle politique d'aménagement territorial et le tourisme ? Quel est l'apport de la thèse grâce à l'incidence culturelle qui, à *Beauport*, repose sur la pensée de la trace ?

L'alliance entre le politique et l'économique a engendré l'intercommunalité avant la lettre et la mainmise de l'Etat *« an dous »* sur un territoire. Le besoin en sucre a toujours été au centre des préoccupations grâce à une politique d'aménagement territorial autour d'un produit unique et une stratégie commerciale basée vers l'extérieur. Le Nord Grande-Terre est un lieu de production, en revanche, il n'est pas choisi par l'Europe comme lieu de commercialisation. Cette spécificité crée des liens de dépendance et fragilise considérablement l'industrie du sucre à la Guadeloupe. Le destin du sucre de canne n'a jamais été dans les mains de ceux qui l'ont produit. C'est pour cette raison qu'il n'a pas résisté à l'arrivée du sucre de betterave dans le « balan » de la mondialisation. Quel est le poids des faillites dans l'invention du rhum agricole ? La thèse n'avait pas pour objectif d'étudier la production de rhum à la Guadeloupe. La présence d'une distillerie à *Beauport* nous permet cependant d'envisager la rédaction d'articles sur les produits que sont le sucre, le rhum industriel, le rhum agricole. Il s'agit de nouvelles pistes de recherche car la Guadeloupe et la Martinique sont les deux seuls endroits du monde où l'on produit du rhum agricole *« distillation du roseau de la canne à sucre, du jus du roseau directement. On ne passe ni par le sucre, ni par la mélasse »*[354]. Celui de la Martinique est reconnu par décret du 05 novembre 1996 Appellation Origine Contrôlée (A.O.C) Martinique[355]. Un autre article pourrait avoir comme thème la Haute Industrie de Transformation Euro-Caribéenne (HITECA) qui s'est lancée en 2006 dans l'agriculture biologique à Sainte-Rose[356]. Cette société a sa marque de cosmétiques *Bertina-Salomé* qui utilise les vertus de la papaye et sa gamme de tisanes bio certifiées *l'Herbier Créole* distribués en pharmacie. L'entreprise a obtenu le prix de l'innovation 2010 au Salon International de l'Agroalimentaire (SIAL). Notre souhait de quitter le système de la plantation industrielle pour nous intéresser aux produits du terroir guadeloupéen aboutit à la création de liens avec la présidente de cette entreprise Lyliane PIQUION-SALOME qui est aussi à la tête de *Guadeloupe Expansion* (Agence Régionale de Développement Economique). Des échanges sont aussi envisagés avec les interprofessions Iguacanne, Iguavie, Iguaflore à la Guadeloupe, avec Christian DE MONTAGUERE (patron d'une épicerie fine à Paris[357]), avec Jacques LEPOIGNEUR (fabricant d'un vin blanc moelleux à la banane). Tous sont des acteurs de la diversification agricole à la Guadeloupe. Ils participent aussi à la visibilité des produits de la Caraïbe sur le plan touristique.

La nouvelle politique d'aménagement territorial a apporté la preuve du remplacement de la structuration socioprofessionnelle par un autre

---

[354] MARLY, Virginie. Hypertextes et hyperliens au regard du droit d'auteur : Interview de Mr José HAYOT (propriétaire de la Rhumerie l'Habitation Saint-Etienne). Lettre Vinomédia (en ligne). N°162. 27/06/2005, 2 p.

[355] Publié au J.O le 08 novembre 1996.

[356] Commune du Nord Basse-Terre à la Guadeloupe.

[357] 20 rue de l'Abbé Grégoire 75006 Paris. Boutique dédiée à l'art de vivre aux Caraïbes.

indicateur : le tourisme. Ce nouveau résultat de recherche débouche sur une question. Après l'exercice des pouvoirs sur le territoire et la mise en mouvement des acteurs que reste-t-il ? Un héritage « *Beauport, la cathédrale morte* », un site le Pays de la Canne et surtout un des plus grands chantiers de la Région Guadeloupe et de ses partenaires *« Le Mémorial ACTe »*. Le bâtiment d'environ 4350 m² arrive sur l'ancien site de l'usine *Darboussier* dans la ville de Pointe à Pitre. Le Cabinet d'architectes guadeloupéens BMC a remporté le concours en 2007, pas moins de 41 îles et 6 archipels figurent au scénario. Là où il y a eu concentration d'échanges, dégradation et multiplication de liens sociaux émergent de nouvelles identités. La destruction du lien social couplée à la perte de liberté aboutit à un enrichissement culturel légué à la Guadeloupe où *Beauport* apparaît comme l'expérience utopique. Le système de la plantation industrielle n'est pas une Utopie[358] car il n'a pas créé une société de félicité, une société statique, une société collectiviste et sans argent, une société symétrique où règne l'uniformité. Mais à l'image du voyage qui a toujours été un préalable à la création d'une Utopie en acte, est-ce que le tourisme ne nous dit pas comment profiter, à la Guadeloupe, de l'expérience utopique qu'est *Beauport ?* Après avoir raconté le Tout-Beauport, pourquoi ne pas envisager le « Grand *Beauport* » ? Comme Patrick CHAMOISEAU, Directeur de programme – Grands projets structurants au Conseil Régional de la Martinique, j'invite tous ceux qui ont ramassé l'héritage *Beauport* à prendre contact avec moi afin de le placer ensemble dans une dynamique de projets à Port-Louis, Bordeaux, Paris et Washington parce que ces villes ont contribué à l'élan de *Beauport* dans le « balan » de la mondialisation.

---

[358] Définition d'Antoine BUENO, Cycle de conférences jeudis du Cluster Tourisme, 20 octobre 2011 « Tourisme et Utopie », Université Paris-Est Marne La Vallée.

BIBLIOGRAPHIE

Les normes de présentation sont respectées mais le lecteur trouvera à l'intérieur de cette bibliographie des albums, guides, répertoires et autres revues sans nom consultés aux archives et utilisés dans ce travail commencé avant

Le sauvetage des archives de *Beauport* et la création du *Migan*

AFFERGAN F., *Anthropologie à la Martinique*. Paris : Presses de la fondation nationale des sciences politiques, 1983. 265 p.

Album de géographie historique (Extraits d'Archives 1682-1818), « Album de géographie édité à l'occasion de l'exposition coloniale internationale de Paris (1931) par le commissariat de la Guadeloupe et dépendances à la dite exposition en commémoration de trois siècles d'union avec la mère-patrie », Lecram Press, Paris, 1931. Un album de 22 cartes et plans en reproduction.

AMBLAND H., BERNOUX P., HERREROS G., *Les nouvelles approches sociologiques des organisations*, Paris : Editions du Seuil, 1996. 244 p.

ARCHIVES DEPARTEMENTALES DE LA MARTINIQUE (service éducatif)
L'Habitation, domaine terrien des Antilles avant et après la révolution industrielle. Fort-de-France : Editions C.R.D.P, 1984, 78 p.

ARCHIVES DE L'OBSERVATOIRE GEOPHYSIQUE DE LA GUADELOPE
Bulletin de la Société d'Histoire de la Guadeloupe, année 1992, n° 91, Société d'Histoire de la Guadeloupe, Basse-Terre, p. 41-73.

Archives Nationales, Etat général des fonds (Tome II), Archives Nationales, Paris, 1978, 656p.

Archives Nationales, Etat général des fonds (Tome III : marine et outre-mer), Archives Nationales, Paris.

PORT DE BORDEAUX
Archives du Port de Bordeaux, Rapport sur le classement des archives de Bordeaux.

Revue sans nom de mars à décembre, 1906, p. 537-579.

Archives municipales du Port de Bordeaux,
Annuaire de la Gironde et des départements circonvoisins et Colonies pour l'année 1910, Bordeaux : Imprimerie Gounouilhou, 1909, 2590 p.

Archives municipales du Port de Bordeaux,
Annuaire de la Gironde et des départements circonvoisins et Colonies pour l'année 1908, Bordeaux : Imprimerie Gounouilhou, 1907, 2591p.

BANGOU H., *A propos du cent cinquantenaire de l'abolition de l'esclavage contribution de la municipalité de Pointe-à-Pitre et du Maire de la ville, aux manifestations anniversaires du cent cinquantenaire de l'abolition de l'esclavage*, Condé-sur-Noireau : Ibis Rouge Editions (Guadeloupe, Guyane, Martinique), 1998. 195 p.

BANGOU H., *Le problème paysan à la Guadeloupe après 1848*, Bulletin de la Société d'Histoire de la Guadeloupe, 1970, n° 13-14, p.111-126.

BASTIDE R., *Les Amériques Noires*. – 3e éd., Paris : L'Harmattan, 1996. 236 p.

BEGOT D., *Les habitations-sucreries du littoral guadeloupéen et leur évolution*, Fort-de-France : Caribena 1, 1991. pp.149-190.

BEGOT D., MOUSNIER M., DE REYNAL A., *L'architecture d'Habitation La grande encyclopédie de la Caraïbe*, Milan : 1990, Tome 8.

BERIAC J-P., ROCHA C., et al., Répertoire numérique du Fonds de la Société des Usines de Beauport. Bordeaux : Direction des Archives de la Gironde, 1991.

BERNOUX P., *La sociologie des organisations. Initiation*, Paris : Editions du Seuil, 2000, 382p.

BENOIST J., *Plantations et groupes sociaux à la Martinique*, Les Cahiers des Amériques Latines, 1968, n°2, 268 p.

BENOIT C., *Outil graphique et analyse anthropologique des jardins de cases en Guadeloupe*, Histoire et mesure, 1990, v.3-4, p. 315-342.

BLERALD A-P., *Histoire économique de la Guadeloupe et de la Martinique : du 18ième siècle à de nos jours*, Paris : Editions Karthala, 1986. 336 p.

BONNIOL J-L., *La couleur des hommes, principe d'organisation sociale : le cas antillais*, Ethnologie Française, 1990, Tome 20, n°4, p. 140-418.

BONNIOL J-L., *La couleur comme maléfice, une illustration créole de la généalogie des Blancs et des Noirs*, Paris : Editions Albin Michel, 1992. 304 p.

Bordeaux port négrier, Revue Sud-Ouest, 1998.

BOUCHET G., Rapport à Monsieur le Président du Conseil Général sur les Archives de l'usine de Beauport (commune de Port-Louis), Archives Départementales de la Guadeloupe, 1995, 8 p.

BOUDON R., *Les méthodes en sociologie*, Paris : PUF, 1970. 127 p.

BOUDON R., BOURRICAUD F., *Dictionnaire critique de la sociologie*,- 3e éd. Paris : PUF, 2004. 714 p.

BRUNET R., *Le territoire dans les turbulences*, Montpellier : GIP Reclus, 1990. 223 p.

BUFFON A., *Monnaie et crédit en économie coloniale : contribution à l'histoire économique de la Guadeloupe 1635-1919*, Basse-Terre : Société d'Histoire de la Guadeloupe, 1979. 388 p.

Bulletin du centre d'Histoire des Espaces Atlantiques, 1983-1993, séries n° 1 à 6.

CABANNE C., *Lexique de géographie humaine et économique*. – 2e éd. Paris : Dalloz, 1992, 449 p.

CANTAL DUPART M., CHALINE C., *Le port cadre de ville. Séminaire de l'association internationale Villes et Ports*, Paris : L'Harmattan, 1993, 253 p.

CAZENEUVE J., *Dix grandes notions de la sociologie*, Paris : Editions du seuil, 1976, 243 p.

CHERUBINI B., *Cayenne ville créole et polyethnique*, Paris : Editions Karthala et CENADDOM, 1987, 261 p.

CHIVALLON C., « Itinéraires de la recherche en sciences humaines dans les sociétés de Plantation coloniales : le cas de la Martinique », in BRUNEAU M. et al, Géographies des colonisations XV-XX siècles, Actes du colloque géographie, colonisations, décolonisations XV-XX siècles Talence/mars 1992, organisé par le Centre d'études de Géographie Tropicale (CNRS), L'Harmattan, Paris, 1994, p. 217-226.

CROZIER M., FRIEDBERG E., *L'acteur et le système*, Paris : Editions du seuil, 1977, 500 p.

MENGEOT A (rapporteur), Congrès colonial de Bordeaux, « Offices coloniaux : décentralisation des services de renseignements / rapport présenté à la cinquième section », Bordeaux : Institut colonial, 1908.

COQUERY-VIDROVITCH C., GOERG O., et al, *La ville européenne outre mers : un modèle conquérant ? (XVe-XXe siècles)*, Paris : L'Harmattan, 1996, 301 p.

DE DAINVILLE F., *Le langage des géographes*, Paris : Editions A et J. Picard et Cie, 1964.

DATAR/AIPV
Etude Ports et systèmes urbains, Janvier 1995, 8 p.

DERRUAU M., *Géographie Humaine*, Paris : Armand Colin, 1976, 431 p.

DOLLFUS O., *Le Pérou introduction géographique à l'étude du développement*, Travaux et mémoire de l'Institut des Hautes Etudes de l'Amérique Latine, Paris : CNRS/IHEAL, 1968, 355 p.

DOLLFUS O., *La Mondialisation*, Paris : Presses de Sciences Politiques, 1997, 163 p.

DOLLFUS O., préface in BRUNEAU M et al, "Géographies des colonisations XV-XX siècles, Actes du colloque géographie, colonisations, décolonisations XV-XXè siècles », Talence/mars 1992, organisé par le Centre d'études de Géographie Tropicale (CNRS), L'Harmattan, Paris, 1994, p.11-14.

EMMER P & C, « Les navires de coolies. Le transport de travailleurs engagés entre Calcutta et Paramaribo, 1873-1921 », Histoires d'Outre-mer, Mélanges en l'honneur de J. Louis Miège, Université d'Aix en Provence, p. 657-673.

FALLOPE J., *Résistance d'esclaves et ajustements au système. Le cas de la Guadeloupe dans la première moitié du XIXe siècle*, Bulletin d'histoire de la société d'histoire locale de la Guadeloupe, 1986, n° 67-68, Trimestres 1 et 2, p. 31-52.

FANON F., *Peau noire, masques blancs.* – 2e éd. Paris : Editions du Seuil, 1995, 188p.

FERRIER J-P., *La géographie ça sert d'abord à parler du territoire ou le métier des géographes,* Aix en Provence : Edi-Sud, 1984, 248 p. (Antée 1).

FEUILLARD M., *Nos séismes et nous*, Bulletin de la Société d'Histoire de la Guadeloupe, année 1983, n° 43, p. 22-30.

FEUILLARD M., *La Soufrière coup d'œil sur l'histoire*, Bulletin de la Société d'Histoire de la Guadeloupe, année 1970, n° 13, p. 97-109.

FESTINGER L., KATZ D., *Les méthodes de recherche dans les sciences sociales*, Paris : Presses universitaires de France, 1974. 2 Vol., 745 p.

FREYRE G., *Maîtres et Esclaves : la formation de la Société brésilienne*, Paris : Gallimard, 1974, 550 p.

GABRIEL J.E (abbé)., *Géographie physique, agricole, industrielle, commerciale, historique, politique, et archéologique du département de la Gironde*, Bordeaux : Editeurs Féret et Fils, 1883, 130 p.

GAMA, Raymond
Evolution d'un grand domaine sucrier à la Guadeloupe : rapports sociaux dans le Nord Grande-Terre, aire de la Société Anonyme des Usines de Beauport (1908-1981). - 807 p, Th. : Histoire : Paris (Université Denis-Diderot) : 1997.

GAUTIER A., *Les sœurs de solitude : la condition féminine dans l'esclavage aux Antilles du 17ième siècle au 19ième siècle,* Paris : Caribéennes, 1985, 284 p.

Gazette Officielle de la Guadeloupe (GO), Dimanche 10 mai 1840, n°26.

Géographies départementales et coloniales de la France, étude physique, historique, administrative, commerciale, industrielle et agricole de chaque département ou colonie, 1941, 8 p.

Géographie : état des lieux II. Processus sociaux et espace géographique, Revue internationale des sciences sociales, mars 1997, n°151, 143 p.

GEORGE P., VERGER F.,(Sous la dir). *Dictionnaire de la géographie*. – 9e éd. Paris : PUF, 2006. 472 p.

GIORDANI J-P., *La Guadeloupe face à son patrimoine, Itinéraires et modalités d'une reconnaissance et d'une revalorisation*, Paris : Editions Karthala, 1996, 252 p.

GODARD, H-R., Port-au-Prince les mutations urbaines dans le cadre d'une croissance rapide et incontrôlée, 340p. Th. : Géographie (Université de Bordeaux III) : Bordeaux : 1983.

GODARD E., La Guadeloupe (1635-1848). Société coloniale et lutte des classes, 1978, 115 p.

Grande Encyclopédie de la Caraïbe, Pointe à Pitre : Editions Caraïbe, 1982. Tome 8.

GRILLON-SCHNEIDER A. et al., *Canne, sucre et rhum aux Antilles et Guyane françaises du XVIIIe siècles au XXe siècles,* Paris : Editions du Ponant, 1987. 1108 p.

DE GUARIGUE DE SURVILLIERS J., *Manuel de sucrerie de cannes*, Paris : Dunod, 1932. 249 p.

GUERIN J., GUERIN B., « Des hommes et des activités autour d'un demi-siècle », Archives Municipales de Bordeaux, Bordeaux, 1957, 926 p.

« Guide des sources de l'histoire de l'Amérique Latine et des Antilles dans les archives françaises », Archives Nationales, Paris, 1984. 695 p.

HAUMONT N. et al., *La ville : agrégations et ségrégations sociales*, Paris : Editions L'Harmattan, 1996. 219 p.

HASSANEIN, A-M
Les problèmes d'aménagement spatial dans l'ouest de l'Egypte. – 179p. Th : Géographie : Paris (Université Denis-Diderot) : 1980.

KING A-D, Urbanism, Colonialism, and the World-Economy: cultural and spatial foundations of the World Urban System, International library of sociology, London, 1990, 185 p.

LACOSTE M-L., Archives du Port de Bordeaux. Bordeaux, Marine Nationale, 1904, 69p.

LACOSTE Y., « Géographie coloniale et Géographie académique : approche épistémologique », in BRUNEAU M et al, "Géographies des colonisations XV-XX siècles, Actes du colloque géographie, colonisations, décolonisations XV-XXè siècles Talence/mars 1992, organisé par le Centre d'études de Géographie Tropicale (CNRS), L'Harmattan, Paris, 1994, p. 343-348.

La dimension africaine de la traite des Noirs, Le Monde Diplomatique, 1998, n°529-45ième année, p. 16-17.

« La propriété, le travail, les travailleurs à la Guadeloupe », Typographie Mornis Père et Fils, Paris, 1870, 68 p.

LASSERRE G., La Guadeloupe. Etude de géographie. – 2 volumes. Th. : Géographie : Bordeaux : 1961.

LASSERRE G., *Une plantation de canne à sucre aux Antilles : la Sucrerie Beauport*, Les Cahiers d'Outre-mer, 1952, Tome V, p. 297-329.

LAWSON-BODY, G
Stratégies paysannes dans la Guadeloupe en transition vers le salariat : des habitations marchandes-esclavagistes aux communautés paysannes libres dans l'espace des Grands-Fonds. – 484p. Th. : Histoire (Université Paris 7 - Denis-Diderot) : Paris : 1990.

Le dispositif français de recherche et d'études urbaines dans les pays en développement, état de la question, plan urbain chapitres 57-58/21, Groupement de recherche interurba, 1993, 159p.

LEON P., *Histoire économique et sociale du monde : le second XXe siècle 1947 à nos jours*, Paris : Armand Colin, 1977. 655p.

« Les colonies françaises à la foire de Bordeaux », office colonial, Bordeaux, 1916, 65p.

Les usines centrales aux Antilles françaises, Revue algérienne et coloniale, 1860, deuxième semestre.

L'Homme et la Société, Anthropologie de l'espace habité, Revue internationale de recherche et de synthèse en science sociale, 1991, n°104, XXVIè année, 158 p.

LIRUS-GALAP J., Entrecroisement des Mondes, de la Caraïbe à la France : migrations, déplacements de populations, métissages culturels. - 251 p., Th d'habilitation à diriger des recherches : Anthropologie : Université Paris 7- Denis-Diderot, 1998.

LIRUS-GALAP J., *Identité Antillaise Contribution à la connaissance psychologique et anthropologique des Guadeloupéens et des Martiniquais*, Paris : Editions caribéennes, 1979. 273 p.

LIRUS-GALAP J., *Diasporas, pluriculturalisme et solidarité dans la région Caraïbe*, La chaîne et le lien, 1998, p. 543 -559.

L'Urbanisme et l'Habitation, Catalogue de l'exposition internationale, Paris : 1947, 296p.

MACE G., *Guide d'élaboration d'un projet de recherche*, Québec Canada : Les presses de l'université de Laval. 184p.

MAGER H, Atlas colonial, 1885.

MASSE R, *La fin des plantations ? Evolution des formes de soumission du travail dans deux sociétés néo-coloniales : Martinique et Guadeloupe*, Centre de recherches Caraïbes, 1980, 150p.

MEDEIROS CA., L'évolution récente de la sucrerie Beauport (Guadeloupe). Etude de géographie humaine. – 241p. Th. : Géographie tropicale : Bordeaux : 1970.

MEILLASSOUX C., *Anthropologie de l'esclavage : le ventre de fer et d'argent*, Paris : Presses universitaires de France, 1998. 375 p.

MENDRAS H., VERRET M., *Les champs de la sociologie française*, Paris : Armand Colin, 1988, 272 p.

MOREAU de Jonnes (1822). Tableau chronologique des tremblements de terre-Antilles, Histoire physique des Antilles Françaises pp. 110-115.

MORIN E., *Introduction à la pensée complexe*, Paris : ESF, 1990. 158p.

OZANAM, D., Les sources de l'histoire de l'Amérique Latine : guide du chercheur dans les archives françaises, Paris : Les affaires étrangères, 1963. 111p.

PAGO G., *Les femmes et la liquidation du système esclavagiste à la Martinique 1848- 1952*, Condé sur Noireau : Ibis rouge éditions (Guadeloupe, Guyane, Martinique), 1998. 228 p.

PARISIS D., PARISIS H., *Le siècle du sucre à Saint-Martin français*, Bulletin de la société d'histoire de la Guadeloupe, 1994, n°99-102, 1e, 2e, 3e, 4e trimestres. 208 p.

PAVY F., « Répertoire numérique des archives de la société coopérative ouvrière de production de Beauport, commune de Port-Louis région nord Grande-Terre département de la Guadeloupe », 14 J, Archives départementales de la Guadeloupe, Gourbeyre, 1996, 80 p.

PILAR GONZALEZ B., *La création d'une nation : histoire politique des nouvelles appartenances culturelles dans la ville de Buenos Aires entre 1829 et 1862*. - 3 Tomes. Th. : Histoire : Paris : 1992.

PLANTEY D., Les sources iconographiques du Port de Bordeaux 1925-1939. – 176p. Mémoire de Maîtrise : UFR d'Histoire : Université de Bordeaux III. 1992.

« Préfectures de région de la façade Atlantique Aquitaine, Bretagne, Basse- Normandie, Pays de la Loire, Poitou Charente. L'armature urbaine de la Façade Atlantique », Note technique, Collectivités, Bordeaux, 1993, 65 p.

RANOUX P., TALAZAC G., Atlas de la Gironde, Association de géographie active, Bordeaux, 1993, 121p.

RECLUS E., *Nouvelle géographie universelle la Terre et les Hommes*, livre XVII Indes Occidentales Mexique, Isthmes Américains, Antilles, Paris : Librairie Hachette et Cie, 1891. 952 p.

« Reproduction des hiérarchies sociales et action de l'Etat le cas des Antilles Françaises », Groupe de Recherches sur l'Organisation et le Milieu des Sociétés de la Caraïbe (GROMSCA), Cordes, 1975, 329 p.

REY A. (Dir), *Le Robert dictionnaire d'aujourd'hui, Langue française, histoire, géographie, culture générale*, Paris, Editions du club France Loisirs, 1994, 1091p.

ROSE M., Petits métiers, gens de métiers et système de Plantation : à propos des artisans Marie-Galantais 1830-1850. – 99 p. Mémoire de DEA : Histoire et connaissance du Tiers-Monde, Université de Paris 7 – Denis-Diderot, 1986.

ROSE M., Savoir-faire, techniques, gens de métiers et système de Plantation à Marie-Galante (XIXe s, XXe s) : parcours et fin d'un âge traditionnel. Th. : Histoire : Paris : 1992.

ROUDIE P., *Bordeaux*, Revue historique de Bordeaux et du département de la Gironde, 1983-1984, p. 157-188.

SANNER L., *La Soufrière et son histoire*, Bulletin de la Société d'Histoire de la Guadeloupe 1978, n° 37, p. 25-48.

SAUGERA E., *« Bordeaux port négrier XVII-XIX siècles »,* Paris : Editions Karthala, 1995. 382 p.

SCHNAKENBOURG C., *Histoire de l'industrie sucrière en Guadeloupe XIXe-XXe siècles : la crise du système esclavagiste, 1835-1847*. Paris : L'Harmattan, 1980. 254 p.

SCHNAKENBOURG, C., *Un grand industriel guadeloupéen du XIXe siècle, Ernest Souques (1831-1908),* Bulletin de la société d'histoire de la Guadeloupe, 1993, n°95, p.79-149.

SEBAHARA P., *Réflexions sur la société civile*, Le courrier, 1998, n°170, p. 95-96.

SOCIETE D'HISTOIRE DE LA MARTINIQUE
Annales des Antilles, Bulletin de la société d'Histoire de la Martinique. Fort-de-France : Société d'histoire de la Martinique, 1955. - n°1, 86 p.

SOTTEAU-LEOMANT, N., Récits de vie : une approche méthodologique. Mémoire de DEA de sociologie. – 68p. Université de Paris VII : 1985.

SOUNTALMA, Z., Espace et pratiques de l'habitat urbain, la concession à Niamey (Niger). – 304p. Th. : Géographie, (Université de Paris Diderot) : Paris : 1991.

SZAJKOWSKI Z., *Bordeaux et l'abolition de l'esclavage dans les colonies en 1848*, Revue historique de Bordeaux et du département de la Gironde, 1954, 141p.

TAGLIONI F., *Géopolitique des Petites Antilles, influences européenne et nord-américaine,* Paris : Karthala, 1995. 314 p.

TOUTON J., DELALANDE G., DOUTRELOUX P., et al., *Le négoce Bordelais des denrées tropicales*, Les Cahiers de la Mémoire, 1996, n°6, 89 p.

Travail et identités dans les villes du Tiers-Monde, Cahier des Sciences Humaines, 1987, vol 23, n°2, 338 p.

VERGNEAULT-BELMONT F., *L'œil qui pense, Méthodes graphiques pour la recherche en sciences de l'homme, vingt trois itinéraires de découverte*, Paris : L'Harmattan, 1998. 348 p.

WALLERSTEIN I., *Capitalisme et Economie-Monde 1450-1640.* Paris : Flammarion, 1980. 331 p.

ZOBEL Joseph, *La Rue Cases-Nègres.* Paris : Présence Africaine, 1974. 311p.

SOURCES DES CARTES

1. "Antilles Françaises dressée par J. Hansen", In Atlas des colonies françaises (protectorats et territoires sous mandat de la France), ss Dir G. GRANDIDIER, société d'éditions géographiques maritimes et coloniales, Paris, 1934.

2. "Caraïbes", les spéciales de l'IGN. Pays et villes du Monde, Institut Géographique National, Paris, 1994. 1/ 3000 000.

3. "Carte de la Grande-Terre. Projet de chemin de fer de La Pointe à Pitre. Rapport du 18 février 1897 annexe n°4. Inspection des colonies. Échelle 1/50 000. Sg C 117 (société de géographie).

4. "Carte de la Guadeloupe et des isles des Saintes... Lieues de France et d'Angleterre de 20 au degré" (= Om.059 1:485 000 environ). Carte avec tracés col 285 x 205 sur feuille de 500 x 375. (Selon BN 18ième siècle). Ge. D. I3352

5. "Carte de la Guadeloupe et dépendances...dessinée à Basse-Terre par M.R Clairon, adjoint technique principal des travaux publics". 1/ 100 000e. Basse-Terre (Guadeloupe), Librairie de l'Enseignement, Paris, Girard et Barrère (1935). 1 feuille en couleurs 955 x 850. Ge. AA 798.

6. "Carte de la Guadeloupe et dépendances 1/100 000e. Dessinée par R. Clairon", Basse-Terre, librairie de l'Enseignement, Paris forest 1933 (12 décembre). 1 feuille en couleurs 960 x 890. Ge. C 5792.

7. "Carte de la Guadeloupe et dépendances dressée par A. Meunier" 1: 100 000, Paris, service géographique du Ministère des Colonies 1945. 1 feuille en noir, rouge et bleu 990x 770. Ge.B. 6349.

8. "Carte de la Guadeloupe et dépendances" d'après divers documents et dessinée à Basse-Terre par R. Clairon. 1: 100 000 Paris, Girard, Barrère et THomas (impr des anciens établ Dufrénoy), 1954. 1 feuille en couleurs 960 x 850. (indique les routes et les limites des communes). Ge. AA. 2204

9. "Carte de la Guadeloupe et Dépendances", E. Devèze, gravée par L.Whurer, Paris imp A. Bry, 1874. 1 feuille 1020 x 690. Ge C. 9323

10. "Carte de la répartition des cases en Grande-Terre", cliché Guy LASSERRE, in Jean-Pierre GIORDANI, La Guadeloupe face à son patrimoine, édition Karthala, Paris, 1994, p.43.

11. "Carte des Antilles, réduite d'après celle de Sprümer, par L. Dussieux". Gr par Martier 10 °Lat. = om, 074, 1/15 000 000 environ. 1 feuille 253 x 200. (selon BN Gpe après 1850) Ge. D. I 3303

12. "Carte du domaine agricole de Beauport", in Thèse de doctorat de Guy LASSERRE, La Guadeloupe étude géographique, Paris, éditions Kolodziej, 1978.

13. *"Carte des Iles de la Guadeloupe, Marie-Galante, La Désirade et les Saintes",* Album de géographie historique, extraits d'archives 1682-1818.

14. "Carte géographique, statistique et historique de la Guadeloupe". N° 41 Ile de la Guadeloupe dressée par Pierron... Voir (Atlas factice de cartes relatives aux Antilles). (selon BN vers 182?) Ge. Angram. 36

15. "Carte réduite de la Guadeloupe et dépendances... dressée d'après les documents recueillis de 1825 à 1831 par H. A Fricsz", ... nouvelle édition. Octobre 1842. 1 feuille 930 x 650. Ge. C 2675.

16. "Description de L'Isle de Guadeloupe habitée des François depuis l'an 1634 par le Sieur de l'Olive". 1 feuille 410 x 540 ou 1 feuille 495x 380. Ge. D. 8730 (Richelieu). Ge D 3658.

17. "Description de l'Isle de Guadeloupe : habitée des François despuis lan 1634 / par Sieur de L'Olive..." (Reprod en fac-sim) Basse-Terre : Société d'Histoire de la Guadeloupe 1978 (Nérac : J. Owen). 1 carte 34x 45 cm. Ge. D 26486.

18. “Guadeloupe, carte routière et touristique au 100 000”, Paris, Institut Géoraphique National 1958. 1 feuille en couleur 906 x 795. Ge. B. 9624.

19. “Isle de la Guadeloupe...” A. Peyronin sculp, Paris, P. Mariette.1 feuille avec limites en couleurs 420 x 310. (Selon BN Richelieu vers 1650). Ge. DD. 2687

20. “Isle de la Guadeloupe A.Peyronin, Paris, P. Mariette”. 1 feuille avec limites en couleurs 430 x 300. 3 exemplaires. (selon BN vers 1750. Ge D.7733, 7734, 7735.

21. “Isle de la Guadeloupe... / A. Peyrounin sculp...” Paris : chez Pierre Mariette, 17e s. 1 feuille 31,6 x 43,4 cm. Ge. CC 1273 (44)

22. “Isle de la Guadeloupe (17e s)”. 1 feuille 21,9 x 30,5 cm. Ge BB 565 XIV (108)

23. “Isle de la Guadeloupe scituée a 16 degrez de Lat. Septentrionale. Eschelle de cinq lieues”(=0m. 057, 1: 410 000 env). 1 feuille 305x 215. Ge. F. carte 5699.

24. “Isle de la Guadeloupe, par F. Lapointe 1671”. 1 feuille 22x 30,5 cm. Ge AF Pf 202 (5394).

25. “La Guadeloupe, dédiée à Mgr Charles Philippe d’Albert duc de Luynes... par le Rouge...”, Paris, 1753. 1 feuille avec contours en couleurs 540 x 470. Ge. D.7333

26. “La Guadeloupe 1 : 20 000”, Paris, Institut Géographique National 1951. Feuilles en couleur 635x 410. Ge. CC. 3982

27. “La Guadeloupe. Petit-Canal (Pointe de la Grande Vigie feuille n°1), Anse-Bertrand (feuille n°2). Ministère des travaux publics et des transports. Institut Géographique National, Paris, 1956. Echelle 1/20 000. 16 775 (IGN Saint-Mandé).

28. “La Guadeloupe, Anse Bertrand, Morne à l’eau, Le Moule”, Institut Géographique National, Paris, 1984, 4601 G, série bleue, 1/ 25 000.

29. “La Guadeloupe”. Dressée et publiée par l’Institut Géographique National, 1958. 1 feuille en noir et gris. Ge.AA 2880.

30. “L’Isle de la Guadeloupe”. (selon BN vers 1759) Pl XVII de Ge FF 3948

31. “Les terres de la réforme foncière”, SAFER, Jarry Guadeloupe juin 1995.

32. “Ministère des Travaux Publics, des transports et du Tourisme... (Cartes touristiques illustrées de la France)” Echelles diverses, Paris, commissariat général au Tourisme 1952. Ge. CC 3991 pour feuilles. Ge. F. Pièce 4662 pour notices éventuelles.

33. “N° 1 Guadeloupe island, Lesser Antilles” 1: 125 000, Washington, Army Map Service, 1943. 1 feuille en couleurs 760x 760. Ge. B. 7677

34. “Plan du nouveau chemin de la Rivière Salée qui sert de communication de la Guadeloupe à la Grande Terre”. Signé Thevenet ingénieur géographe. 1:72 000 environ. 1 feuille en couleurs 910 x 490. Ge. C. 5187 (selon BN vers 1766).

35. “Plan de la ville de Pointe à Pitre en lisle Grande-Terre Guadeloupe”. Levé et dessiné par Sieur Nassau arpenteur breveté du Roi et adjoint au Grand Voyer de lisle en 1783 et 1784. Ge. CC 1583.

36. “Plan Delisle Grande Terre Guadeloupe représentant les terres telles qu’elles ont été arpentées avec les noms et quantités des quarrés de cent pas de chaque particulier”. Fait et levé par François Marie Amandrie de Ste Maurecy devant officier dans le régiment royal infanterie. Fait à la Guadeloupe le 04 octobre 1732. Plan tiré de l’Album de géographie historique (voir bibliographie). Ge. CC 1583.

37. “Ressources en eau de surface de la Guadeloupe 1: 100 000” Basse-Terre, Direction Départementale de l’Agriculture, Bondy, Office de la Recherche Scientifique et Technique d’Outre-Mer, 1981. 4 cartes 75 x 96 cm. Ge. B. 12862

38. "Schéma généalogique des édifices agro-industriels, domestiques et des jardins ruraux 1635 à nos jours", in Jean-Pierre GIORDANI, La Guadeloupe face à son patrimoine, éditions Kharthala, Paris, 1994, p. 52.

39. "Triangulation de la Guadeloupe 1/250 000 marées à la Pointe à Pitre, 29 décembre 1867", Paris, imp de Lemercier. 1 feuille 410 x 550. (selon BN vers 1867). Ge C. 1195.

LIEUX ET FONDS

1) Archives nationales CARAN, Paris

SECTION outre-mer

Série Géographique Fonds Guadeloupe, cartons 68, 149

Série F, VERSEMENTS DES MINISTERES, sous série F12, commerce et industrie.

Cartons : Ordonnances, décrets et arretés. Sociétés anonymes
F 12 2619 B, C Guadeloupe. Armoire 53, op.cit, p.224.
F 12 6728 à 6731. Sucreries, moulins, constructions mécaniques, activités diverses. 1812-1853.
Surtout F 12 carton 6731 = Cie des Antilles (1844); = aussi Cie des raffineries bordelaises (1853)), armoire 53, F12/!!ibidem, p.173.
F 12 6810 Sucreries. 1812-1856. Armoire 53, salle des inventaires, CARAN, F 12/08 Guadeloupe page 224, usines centrales (projet), 1852-54.
F 12 8186 Prohibition d'entrée des... étrangers à la Martinique, Guadeloupe, Réunion 22 mars 1920, armoire 53, ibidem, F12/11, p.175

2) Archives départementales, Bisdary, Guadeloupe

SERIE J documents isolés entrés par la voie extraordinaire

Sous série 1 J

1 J 52 tremblement de terre de 1843, Extrait de « Courrier de la Martinique » 14 février 1843.
1 J 117 tremblement de terre de 1843, Correspondance de Collin de Richardière, gérant d'une habitation à Rüttre, commerçant au Havre...p.38.
1 J 117 tremblement de terre de 1843, 7 lettres, écrites à la plume. Très dur de déchiffrer. 1843-1845.

1 J 167 tremblement de terre du 08 février 1843 à 10h 45 mn du matin.
Départ de Monsieur le contre-amiral Gourbeyre pour la Pointe à Pitre à cinq heures et ½ du soir. Guadeloupe le 22 novembre 1845.

Sous série 14 J 190 et 14 J 191 Photographies avant et après Hugo
Prises de vue du site industriel. Album intitulé Beauport la Renaissance.

Sous série 18 J

18 J 137, Copie de lettres du 28 novembre 1908 au 26 novembre 1909 SAUB Guadeloupe.
18 J 275 = 1974
18 J 288 Catalogue de l'exposition internationale "l'Urbanisme et l'Habitation", Paris, Juillet-août 1947, 296 pages.

Sous série 1 P service de la comptabilité du cyclone de 1928
Feuillet n° 23 articles n° 6255 et 6257 Etat des pertes par communes
Feuillet n° 25 article n°6266 Délibération Anse Bertrand
Feuillet n°17 Chemise n° 42 article n°6223 cyclone du 12 septembre 1928, ressortissants chinois.
Point de vue murielle : le cyclone de 1928 a été l'occasion d'une première modernisation de Beauport, puis Guerre mondiale de 39-45 seconde modernisation ; Plan de modernisation et d'équipement (Plan Monnet). La Guadeloupe et la Martinique obtiennent de porter leur production de sucre à 100 000 tonnes.

SERIE K lois ordonnances arrêtés

Sous série 3 K

SERIE M administration générale et économie

Sous série 1 M

SERIE Fi documents figurés entrés par la voie extraordinaire

Sous série 1 Fi
Sous série 6 Fi

3) Archives départementales de la Gironde, Bordeaux

FONDS SAUB

Sous série 18 J 1, 41, 76, 210 à 275

FONDS GEOGRAPHIE

Cotes VIII –A, VIII-E

4) Le fonds privé de Raymond GAMA

Documents très originaux dont la consultation rapide a été faite au domicile de ce docteur en histoire.

5) Collections parisiennes de documents cartographiques

Cartothèque de la bibliothèque interuniversitaire scientifique Jussieu
4, place Jussieu, tour 24-14, 1er étage.
75 005 Paris. Métro : Jussieu.
☏ 01 44 27 49 47 ou 01 44 27 49 48

Bibliothèque Nationale de France
Département des Cartes et Plans
58, rue Richelieu
75 002 Paris. Métro : Bourse ou Palais-Royal
☏ 01 47 03 81 26

Cartothèque du centre de géographie

191, rue Saint Jacques

75 005 Paris. Métro : Luxembourg

☏ 01 44 32 14 65 ou 01 44 32 14 66

Cartothèque de l'Institut Géographique National

2, avenue Pasteur

94 160 Saint-Mandé. Métro : Saint-Mandé Tourelle

☏ 01 43 98 84 00

Cartothèque de l'ORSTOM

Institut Français de Recherches Scientifique pour le Développement en coopération

32, avenue Henri Varagnat 93140 Bondy Cédex

☏ 01 48 02 56 71

Service Historique de la Marine

Château de Vincennes. Métro : Château de Vincennes

☏ 01 41 93 34 80

SIGLES

CCNGT : Communauté de Communes du Nord Grande-Terre
CFC : Crédit Foncier Colonial
HITECA : Haute Industrie de Transformation Euro-caribéenne
LEADER : Liaisons Entre Actions de Développement de l'Economie Rurale
MIGAN : Nom d'un plat à base de fruit à pain choisi pour l'annuaire des archives de la Caraïbe
PAYS DE LA CANNE : Centre de culture scientifique technique et industriel que l'on peut visiter
SAR : Schéma d'Aménagement Régional
SAUB : Société Anonyme des Usines de Beauport
SCOP : Société Coopérative Ouvrière de Production
SEGT : Société d'Elevage de la Grande-Terre
SIAL : Salon International de l'Agroalimentaire
SICADEG : Syndicat d'Intérêt Collectif Agricole de Développement et d'Exploitation du Nord Grande-Terre
SIVOM : Syndicat à Vocations Multiples
SOMDIAA : Société Multinationale pour le Développement des Industries Alimentaires et Agricoles

TABLE DES CARTES

TABLE DES TABLEAUX

TABLE DES FIGURES

TABLE DES MATIERES

L'HARMATTAN ITALIA
Via Degli Artisti 15; 10124 Torino

L'HARMATTAN HONGRIE
Könyvesbolt ; Kossuth L. u. 14-16
1053 Budapest

L'HARMATTAN KINSHASA
185, avenue Nyangwe
Commune de Lingwala
Kinshasa, R.D. Congo
(00243) 998697603 ou (00243) 999229662

L'HARMATTAN CONGO
67, av. E. P. Lumumba
Bât. – Congo Pharmacie (Bib. Nat.)
BP2874 Brazzaville
harmattan.congo@yahoo.fr

L'HARMATTAN GUINÉE
Almamya Rue KA 028, en face
du restaurant Le Cèdre
OKB agency BP 3470 Conakry
(00224) 657 20 85 08 / 664 28 91 96
harmattanguinee@yahoo.fr

L'HARMATTAN MALI
Rue 73, Porte 536, Niamakoro,
Cité Unicef, Bamako
Tél. 00 (223) 20205724 / +(223) 76378082
poudiougopaul@yahoo.fr
pp.harmattan@gmail.com

L'HARMATTAN CAMEROUN
BP 11486
Face à la SNI, immeuble Don Bosco
Yaoundé
(00237) 99 76 61 66
harmattancam@yahoo.fr

L'HARMATTAN CÔTE D'IVOIRE
Résidence Karl / cité des arts
Abidjan-Cocody 03 BP 1588 Abidjan 03
(00225) 05 77 87 31
etien_nda@yahoo.fr

L'HARMATTAN BURKINA
Penou Achille Some
Ouagadougou
(+226) 70 26 88 27

L'HARMATTAN SÉNÉGAL
10 VDN en face Mermoz, après le pont de Fann
BP 45034 Dakar Fann
33 825 98 58 / 33 860 9858
senharmattan@gmail.com / senlibraire@gmail.com
www.harmattansenegal.com

L'HARMATTAN BÉNIN
ISOR-BENIN
01 BP 359 COTONOU-RP
Quartier Gbèdjromèdé,
Rue Agbélenco, Lot 1247 I
Tél : 00 229 21 32 53 79
christian_dablaka123@yahoo.fr

656327 - Mai 2016
Achevé d'imprimer par

1livre.com
du rêve à la réalité !

www.ingramcontent.com/pod-product-compliance
Lightning Source LLC
LaVergne TN
LVHW010929061026
849535LV00007B/2310